深部非线性岩体地应力测量理论与技术

李　远　金志豪　范栋珏　乔　兰　李庆文　著

机械工业出版社

本书基于作者所在团队多年研究和实践成果，结合深部岩体非线性力学行为特征分析，提出了适用于深部岩体地应力的测量方法。本书内容包括：地应力分布的主要特征和当前地应力分布规律研究成果，地应力测量中的岩石非线性表现，考虑岩体非线性行为的应力解除测量方法，考虑时间非线性的地应力测量方法，基于空心包体应变计原理的扰动应力监测技术，现场地应力测量及扰动应力监测实例。

本书可作为岩石力学领域相关研究人员及土木工程、铁路工程、公路工程、采矿工程等相关深部工程技术人员的参考书，也可用作研究生教材。

图书在版编目（CIP）数据

深部非线性岩体地应力测量理论与技术/李远等著. —北京：机械工业出版社，2023.3

ISBN 978-7-111-72341-7

Ⅰ.①深…　Ⅱ.①李…　Ⅲ.①岩体应力-地应力测量-研究　Ⅳ.①TU452

中国国家版本馆 CIP 数据核字（2023）第 010540 号

机械工业出版社（北京市百万庄大街 22 号　邮政编码 100037）
策划编辑：李　帅　　　　　责任编辑：李　帅
责任校对：李　杉　李　婷　封面设计：马精明
责任印制：刘　媛
涿州市般润文化传播有限公司印刷
2023 年 5 月第 1 版第 1 次印刷
169mm×239mm · 11.25 印张 · 191 千字
标准书号：ISBN 978-7-111-72341-7
定价：69.00 元

电话服务　　　　　　　　网络服务
客服电话：010-88361066　机　工　官　网：www.cmpbook.com
　　　　　010-88379833　机　工　官　博：weibo.com/cmp1952
　　　　　010-68326294　金　　书　　网：www.golden-book.com
封底无防伪标均为盗版　　机工教育服务网：www.cmpedu.com

序

地应力是存在于地层中的未受工程开挖扰动的天然应力，也称为岩体初始应力、绝对应力或原岩应力。它是引起土木工程、采矿工程、石油工程、能源开发等工程岩体变形和破坏的根本作用力，是确定工程岩体力学属性、进行工程稳定性分析、工程开挖设计和决策的必要前提条件。“应力解除法”和“水压致裂法”是目前国内外最广泛采用的两种地应力测量方法。其中，“应力解除法”的发展时间最长，技术最为成熟，另一方面“空心包体应变计法”是应力解除法中测量精度最高的一种方法，但该方法的测量结果受到环境温度、标定设备、计算方法的影响和制约。

深部岩体赋存地质条件复杂，岩体本身具有明显的非线性应力解除法地应力测量的基本原理是通过测量套孔应力解除过程中的钻孔变形值，计算钻孔周围的原岩应力值，这种计算需要知道一个关键系数——岩体变形模量。对于线性岩体，变形模量是一个常数，浅部岩体通常被视为线弹性，因而变形模量是常数。而深部非线性岩体变形模量不是常数，它是一个变数，变形模量值与应力水平是相关的。地应力测量中，根据测量应变值计算应力值时，必须采用与应力水平相一致的变形模量值。用高应力水平下的变形模量值计算低应力，或用低应力水平下的变形模量值计算高应力，都会使计算结果产生很大的误差。在深部地应力测量中，必须通过各种科学的测量、试验、计算和分析方法，获取深部测点非线性岩体的定量化应力-应变非线性关系，为根据应力解除测得的钻孔应变值计算得到原岩应力值、准确选取与实测应力水平相一致的变形模量值，提供可靠依据，从而保证地应力测量计算结果的可靠性和精度。

本书作者队伍由本人领导的学术团队中参加“十三五”国家重点研发计划专项项目“深部动力灾害演化机制及防控研究”和“十三五”国家重点研发计划项目“深部地应力环境与灾害动力学”研究的几位主要成员组成，围绕上述本人提出的深部应力解除法地应力测量基本原理和关键理论与技术的要点，进行了大量的研究工作；同时，针对深部复杂的地质和应力环境条件，为了提高深部地应力测量和所使用的仪器设备的数字化、自动化和深地数据采集与传输的能力，保证地应力测量结果的可靠性和准确性，组织研发了原位数字化、无线传输、双温度补偿、高应力状态现场套孔岩芯围压率定仪器等新技术，地下岩体应力扰动监测系统、岩石三轴高压试验舱等深部地应力环境探测新装备。本书对相关内容进行了详细的介绍，将对未来深部地层地应力的精确测量发挥积极的作用。

中国工程院院士　蔡美峰
于北京

前言

深部岩体所赋存的地质条件复杂，其地应力场的分布特征与浅部岩体存在显著的差异性，深部地应力的分布特征与应力水平大小是影响深部工程和深部科学研究的最重要因素。以岩体线弹性假设为前提的当前地应力测量理论在深部岩体地应力测量中将产生较大偏差，因此有必要在现有地应力测量理论基础上发展基于岩体非线性特征的测量理论，考虑深部岩体高应力下应力-应变非线性和强度非线性特征，对现有空心包体应变计地应力测量法进行改进，发展适合深部岩体地应力测量的新理论、新方法。

本书以蔡美峰院士在20世纪90年代提出的精确测量理念为指导，基于此理念作者团队多年来致力于推动地应力技术和理论的发展，以完全温度补偿方法为依据，在现有地应力测量理论基础上拓展了基于岩体非线性特征的测量理论的研究方向和目标。本书详细阐述了完成对现有空心包体应变计地应力测量法改进的理论基础和技术特征，从空心包体应变计的结构、应变片布置方式、空心包体环氧树脂厚度计算影响，到非线性本构的提出及其深部地应力测量中的应用和相关参量实验标定技术，并介绍了基于无线型空心包体的地应力实时采集系统改进方法和实施效果，全面评述了改进型应变仪在测量精度、稳定性、长期性方面的性能，介绍了基于深部岩体非线性特征分析的地应力实验标定方法。

本书是深部地应力测量技术的专门书籍，可为岩石力学领域相关研究人员及土木工程、铁路工程、公路工程、采矿工程等相关深部工程施工人员提供参考，并可作为研究生教材。作为一本地应力测量领域的著作，很难对涉及的岩石力学理论、测试技术原理进行全面的介绍，因此使用本书的同行，不同行业、不同领域的大专院校、科研机构、现场工程测试人员可以根据自身特点和需要增加补充资料进行学习。

本书由李远、金志豪、范栋珏、乔兰、李庆文撰写，乔兰教授负责全书的审定。在本书的创作撰写过程中，得到了北京科技大学地应力测量课题组研究生在资料整理、格式整理上的帮助。

限于作者水平，本书难免存在不足之处，敬请批评、指正。

作者

目录

第1章 地应力测量方法概述

1.1 地应力概念

地应力的获取对土木工程、采矿工程、石油工程、能源开发等涉及岩石工程的领域具有重要作用。地应力及扰动应力的大小和方向是影响岩石地下工程的建设规模、支护方法和运营年限等问题的决定性因素。

地应力是存在于地层中的未受工程扰动的天然应力，也称为岩体初始应力、绝对应力或原岩应力。

岩体中一点的应力张量拥有6个独立正交的应力分量，如图1-1所示，且可以按照弹性力学理论转化成等效的3个主应力。在地应力测量领域，不同测量方法对6个自由度参量求解过程大致可以分成两类。一类是应力解除法中使用的，在同一测点解除过程中测量不同方向上应变大小并建立满足求解数量的应力-应变关系方程组；另一类是水压致裂法采用的，依据地应力分布规律提出应力分布或主应力大小和方向假设，消除求解参量数量，以使测量数据关系式满足求解数量的要求。

从地应力形成过程上看，地应力场是一个不稳定场。对地应力场的描述，目前尚未形成统一的标准，借鉴国际岩石力学学会（ISRM）公布的岩体应力估算建议方法中给出的术语，相关称谓规定，见表1-1。

表1-1 岩体应力相关术语表

术语	定义
构造应力	由于地质构造活动在岩体中引起的应力场
自重应力	由于岩体自重而产生的天然应力称为自重应力
天然应力	指天然存在于岩体之中（内部）而与任何人为因素无关的应力

（续）

区域应力	某大地构造区域内的应力场
远场应力	近场以外的应力场
局部应力	小范围内的应力场
近场应力	工程扰动区域内的应力场
诱发应力	工程扰动后的自然应力场
残余应力	指没有外力作用时，在岩体内部由于某种原因在整个岩体内的不均匀的变形而引起的应力
热应力	温度变化引起的应力场
历史应力	历史上存在但现已不再活动的应力场

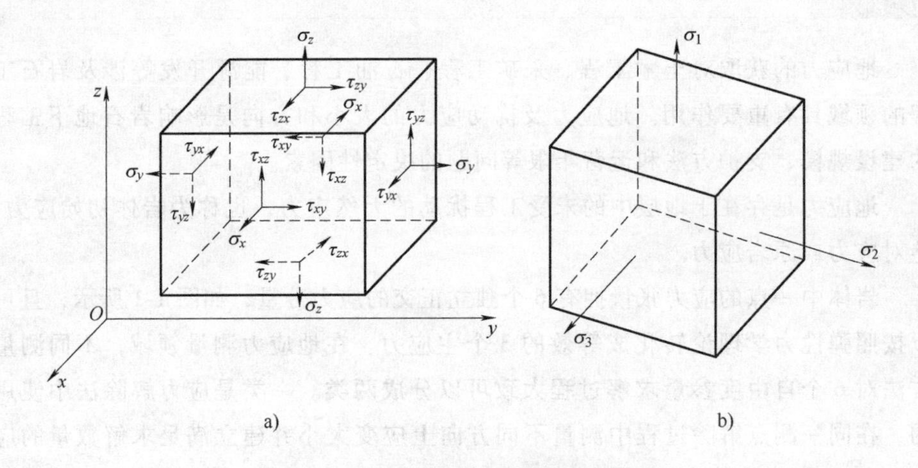

图 1-1　岩体中一点应力张量与主应力

a）应力张量　b）等效主应力

地应力测量中除现场测试内容外，还需要进行室内试验对岩芯力学参数、温度误差、数据有效性进行标定和选择。本书涉及地应力测量试验包括：单轴应力、双轴应力、三轴应力、真三轴应力等术语。其中单轴应力状态一般出现在单轴压缩试验中，主要用于岩石试样的弹性模量、泊松比的获取；双轴应力状态是对应力解除接触岩心进行围压率定时岩心的受力状态：$\sigma_1=\sigma_2\neq0$，$\sigma_3=0$；真三轴应力状态是指三个主应力独立存在，原岩应力状态即是真三轴应力状态。

应力是具有大小和方向的矢量，在本书中的地应力分析中 σ_1、σ_2、σ_3 代表主应力大小，主应力方向为水平面上正北方向顺时针旋转至主应力矢量投影方向的角度，主应力倾角指主应力矢量与水平面的夹角（矢量正向与垂直向上方向夹角为锐角时取正值），具体位置关系，如图 1-2 所示。

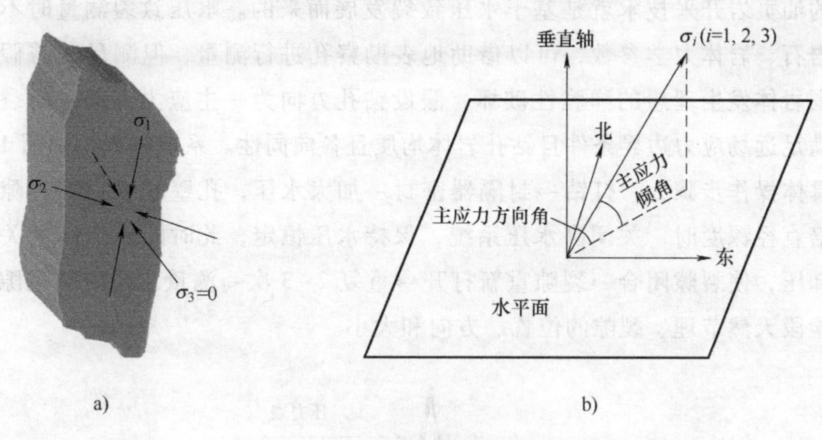

图 1-2　主应力参数空间关系示意图

a）一点的主应力　b）主应力矢量

1.2　地应力测量方法

地应力的测量和分析需要综合研究钻孔数据、构造条件、测量过程误差、理论模型假设条件、测量校核方法等多方面信息，并对相关数据进行对比校正才能得到较为可靠的地应力大小、方向及地应力场特征规律。目前针对测量方法分类并没有统一的标准。Hudson 和 Harrison 将地应力测量方法分为四种定量测量法（即扁千斤顶法、水压致裂法、钻孔孔径变形计法、空心包体法）和指标定性分析方法（如孔壁崩落法、声发射法、滞弹性法）。国际岩石力学学会建议方法根据地应力测量和分析的原理将地应力测量技术分为五类，即基于岩体破裂机理测量法（如水压致裂法、裂隙条件下水压致裂法）、基于钻孔弹性变形机理测量法（如空心包体应变计法、实心包体应变计法）、基于岩石微裂隙扩展研究的分析方法（如滞弹性法、差应变法、声发射法）、地球物理探测法、震源机制分析法。蔡美峰院士提出依据测量基本原理的不同，可将测量方法分为直接测量法（如扁千斤顶法、水压致裂法）和间接测量法（如套孔应力解除法、局部应力解除法）。目前采用水压致裂法测量的深度最大，应变解除法在地下工程中应用最为广泛，但二者在深部岩体地应力测量中均存在相应的局限。

1.2.1 水压致裂法

水压致裂法最早应用于石油工程，用于在钻井中预制裂隙提高石油产量，目前的油页岩开采技术就是基于水压致裂发展而来的。水压致裂测量时不需要获取岩石、岩体力学参数，可以借助地表勘察孔进行测量，但测量时需假设钻孔周围岩体发生理想的弹脆性破坏，假设钻孔方向为一主应力方向，断裂扩展范围满足远场应力边界条件且钻孔岩体均质且各向同性。系统组成，如图 1-3 所示。具体操作步骤为：打钻→封隔器密封→加大水压，孔壁开裂→当裂隙扩张至 3 倍直径深度时，关闭高水压系统，保持水压恒定，此时的应力称为关闭压力→卸压，使裂隙闭合→裂隙重新打开→重复 2~3 次→测量水压致裂裂隙和钻孔试验段天然节理、裂隙的位置、方向和大小。

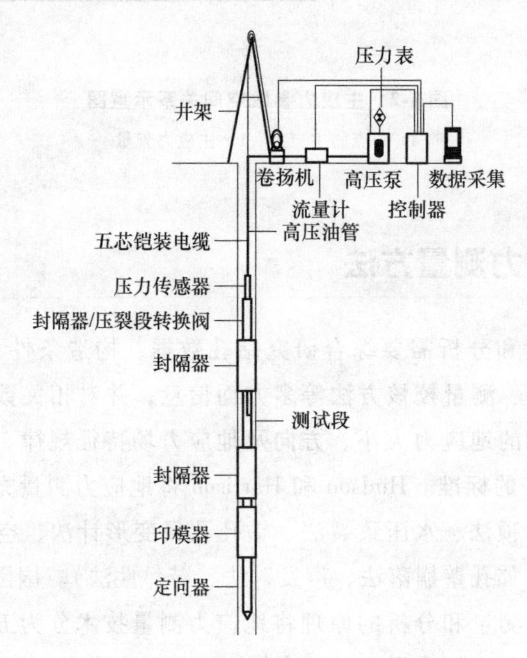

图 1-3 水压致裂系统组成示意图

水压致裂法在计算地应力时，一般假设竖直方向主应力等于上覆岩层自重，测量时通过施加水压将钻孔封隔段压裂，记录开裂压力 p_i；然后继续注水使裂隙进一步扩展，当裂隙深度达到 3 倍钻孔直径时，水压进入稳定阶段，记录恒定压力 p_s；之后卸压使裂隙闭合，然后再次加压并记录裂隙重新张开压力 p_r。原岩应力在水平方向的两个主应力，即

$$p_s = \sigma_2 \tag{1-1}$$

$$p_r = 3\sigma_2 - \sigma_1 - p_0 \tag{1-2}$$

式中，水压致裂测量得到应力值为地应力在水平面上的最大、最小应力分量，由于原岩应力很少有理想的竖向垂直主应力和横向主应力位于水平面的情况，因此常规水压致裂方法无法得到准确的主应力角度。水压致裂测量中需要钻孔孔壁满足完整、各向同性、线弹性力学行为的要求，同时不考虑岩体渗流影响。为克服传统水压致裂测量中由于主应力方向假设造成的误差，Carnet 提出利用钻孔内原生裂隙进行水压致裂测量提出了 HTPF 法。

在深部岩体测量时，由于水压致裂法需要在地表实施，因此存在孔内油路转换易损伤封隔器、深孔孔压维持和封隔器卸压困难、管路防堵塞要求高、钻孔塌孔和缩孔等问题。同时虽然水压致裂孔在一个孔内可实现多测点测量，但在只需要获取深部地应力数据和测点水平分布较广的情况下水压致裂成本较高。

1.2.2　套孔应力解除法

套孔应力解除法是发展时间最长，技术上最为成熟的一种地应力测量方法，同时也为扰动应力监测提供了理论和技术基础。套孔应力解除法是地应力间接测量法，对应力解除过程中岩心的变形或应变进行测量，然后根据岩石力学基本理论推导应力状态。具体操作上可以测量孔底应变（如 SSPB 门塞式孔底应变计），孔壁应变（如 CSIRO 空心包体应变计）或孔径变形（如 USBM 孔径变形计），然后建立相关应变、变形参量和解除应力的关系，如图 1-4 所示。

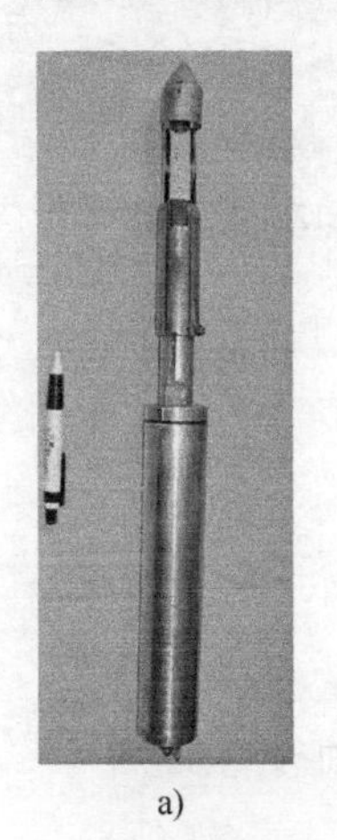

a)

b)

c)

图 1-4　套孔应力解除法相关技术

a）SSPB 门塞式孔底应变计　b）CSIRO 空心包体应变计　c）USBM 孔径变形计

空心包体应变计法是目前理论、技术较为成熟的一种测量方法，能够一次安装测出完全应力状态，且可结合深部开采和深部地下工程的建设进行测点布设和应力测量。自20世纪70年代澳大利亚联邦科学和工业研究组织（CSIRO）发明了空心包体应变计以来，该方法在世界地应力测量领域得到了广泛应用。目前国内常用的测量产品有长江科学院研制的新型空心包体式钻孔三向应变计、地质力学研究所研制的KX系列空心包体式钻孔三向应变计和北京科技大学蔡美峰院士发明的采用完全温度补偿技术的改进型空心包体应变计。蔡美峰院士在20世纪90年代针对常规探头存在问题，提出了地应力精确测量理念，在测量电路、温度补偿等方面进行技术改进，发明了改进型完全温度补偿空心包体应变计；2012年澳大利亚环境系统与服务公司（Environmental Systems Service Ltd.）推出了原位数字化空心包体应变计；2013年中国地质力学所研发了深孔空心包体法地应力测量仪；2016年蔡美峰院士团队基于完全温度补偿原理和精确测量思想，提出双温度补偿算法并发明了“基于完全温度补偿技术的原位数字化型三维孔壁应变计”（ZL 201610456789.0），如图1-5所示。

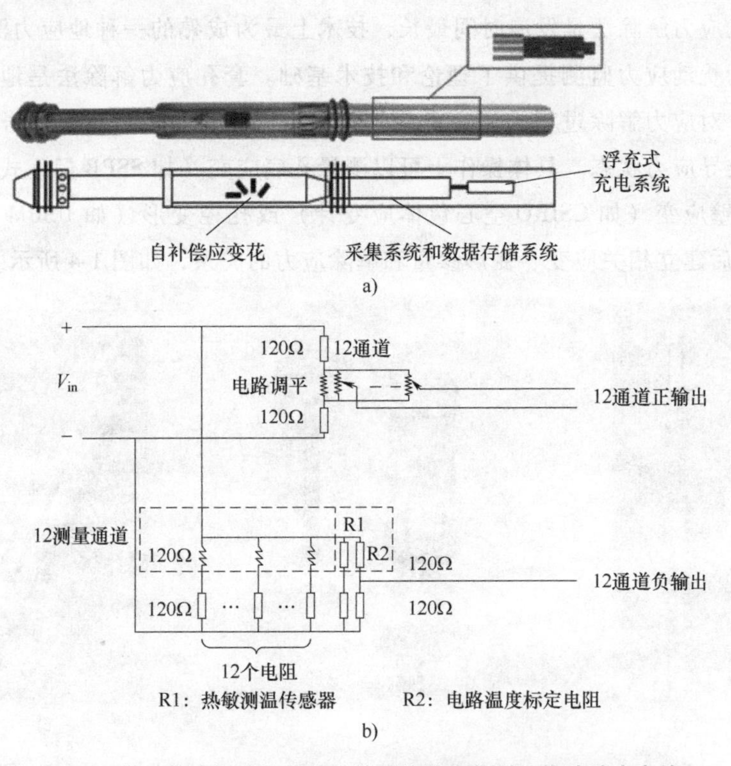

图1-5　基于完全温度补偿技术的原位数字化型三维孔壁应变计

a）双温度补偿孔壁应变计　b）双温度补偿电桥电路图

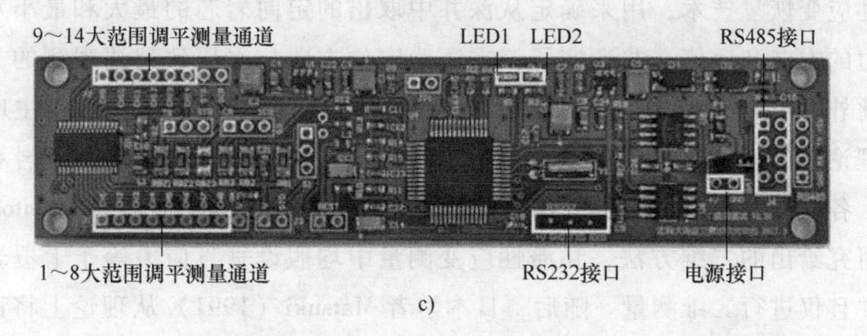

c)

图 1-5　基于完全温度补偿技术的原位数字化型三维孔壁应变计（续）

c）双温度补偿电桥集成板路

1.2.3　非弹性应变恢复法和差应变法

岩石在未扰动时处于原岩受力状态，当岩石被解除后，其变形得到释放。岩芯在原始条件下受三维地应力的作用产生变形，当应力释放后，岩芯的一部分变形瞬时得到恢复，属于弹性变形，而另一部分变形不是立即达到弹性变形值，而是在时间上有一个相对滞后的过程，这种变形称为非（滞）弹性恢复变形，如图 1-6 所示。在对岩石的流变性进行研究时，岩芯作为各向同性、线黏弹性材料，其变形包括剪切变形与体积变形，通常采用非弹性体流变模型，如图 1-7 所示。

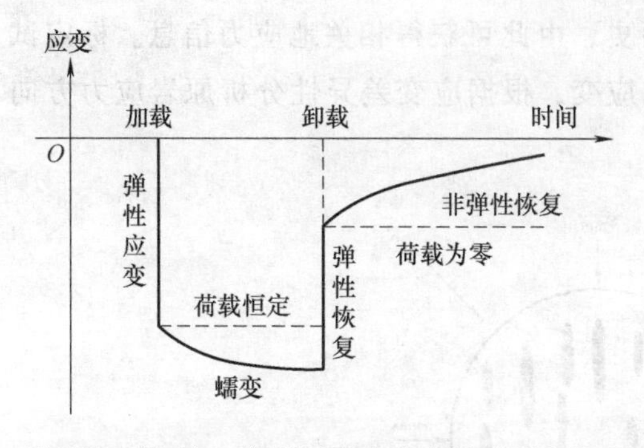

图 1-6　岩石加、卸载过程中应变随时间变化图

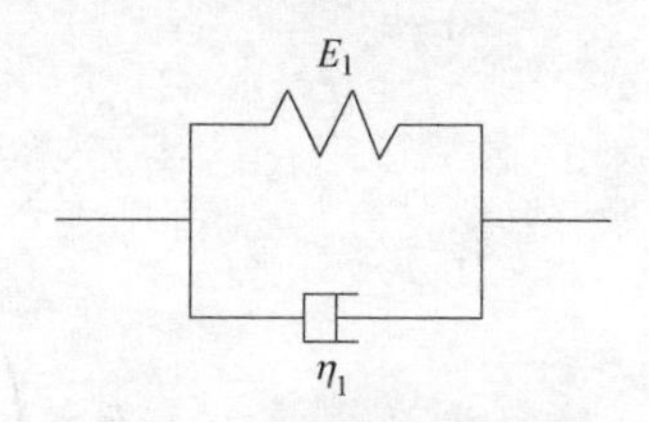

图 1-7　单元流变模型（E_1，η_1 分别为模型的弹性系数和黏性系数）

利用解除岩芯的非弹性应变恢复进行地应力测量的方法，即“ASR”方法（Anelastic Strain Recovery method，ASR），在某种程度上是应力解除法的延伸。Voight（1968）提出非弹性应变恢复法的基本原理，Teufel（1982）提出了一种非弹性应变恢复技术，用来确定从深井中取出的定向岩芯的最大和最小水平原位应力的方向和比值，并证实了该方法确定的方向与水压致裂法观测的方向一致。此外，Blanton（1983）提出了利用非弹性恢复应变计算原位水平主应力大小的理论基础，该理论假设垂直应力等于上覆岩层自重，泊松比基于岩石是线弹性、各向同性、均质和岩石是一种非老化材料的假设得到。根据 Blanton 基础理论研究给出的二维方法，黏滞性应变测量中均假设垂直应力等于上覆岩层自重，并且仅进行二维测量。随后，日本学者 Matsuki（1991）从理论上将该方法扩展为三维版本。但是该三维方法仅进行过极少数的实践和应用（Matsuki 和 Takeuchi，1993）。虽然许多早期研究观测到非弹性应变并获得了一些关于原位地应力的信息，但是他们都无法完成确定所有或者部分岩体的原位应力的测试，因为测量过程显示非弹性应变明显受到孔隙压力缓慢释放和温度变化的影响，这导致了非弹性应变测量值的误差极大。另外，针对室内标定的非弹性应变量值与原位非弹性应变恢复量值差异，目前尚未形成成熟的标定技术。

相比较于非弹性应变恢复法，另一种考虑解除岩芯原岩应力方向性对应关系的方法称为微分应变曲线分析法（Differential Strain Curve Analysis，DSCA）或差应变法。差应变法由 F. G. Strickland、N. K. Ren 和 J. C. Roegiers 等人在 20 世纪 80 年代提出。该方法认为从地下解除出来的岩芯，由于应力释放，随着时间发展岩石会因为膨胀出现微裂隙，裂隙的发展方向与原岩应力的方向一致，裂隙的数量和强度与原岩应力大小成正比，如图 1-8 所示。通过室内对岩芯进行加载试验则岩芯应变特征反映了其应力历史，由此可获得相关地应力信息。标定试验采用各向等压加载，测量各个方向应变，根据应变差异性分析原岩应力方向关系。

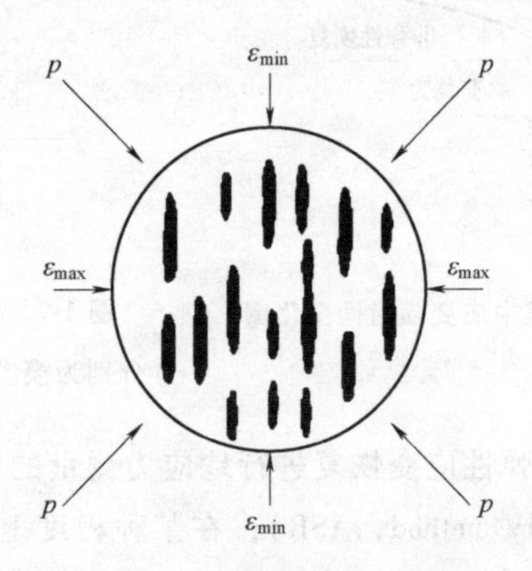

图 1-8　DSCA 方法原理示意图

1. 非弹性应变恢复法测量步骤

1）钻孔取出岩芯，及时标记岩芯方向，密封防止水分蒸发。

2）恒温恒湿条件下测量岩芯各个方向的时效性恢复应变。

3）温度标定，消除温度变化引起的测量误差。

4）根据下列公式计算原岩主应力，其中竖向主应力假设与岩体自重一致。

$$\sigma_{h,\max}=\sigma_{ve}\frac{(1-\nu)\Delta\varepsilon_{h,\max}+\nu(\Delta\varepsilon_{h,\min}+\Delta\varepsilon_{v})}{(1-\nu)\Delta\varepsilon_{v}+\nu(\Delta\varepsilon_{h,\max}+\Delta\varepsilon_{h,\min})}+P_{\mathrm{b}} \tag{1-3}$$

$$\sigma_{h,\min}=\sigma_{ve}\frac{(1-\nu)\Delta\varepsilon_{h,\min}+\nu(\Delta\varepsilon_{h,\max}+\Delta\varepsilon_{v})}{(1-\nu)\Delta\varepsilon_{v}+\nu(\Delta\varepsilon_{h,\min}+\Delta\varepsilon_{h,\max})}+P_{\mathrm{b}} \tag{1-4}$$

$$\sigma_{ve}=\sigma_{v}-P_{\mathrm{b}} \tag{1-5}$$

式中　$\sigma_{h,\max}$，$\sigma_{h,\min}$，σ_{v}——测点最大水平主应力，最小水平主应力，自重应力（Pa）；

$\varepsilon_{h,\max}$，$\varepsilon_{h,\min}$，ε_{v}——测点最大水平恢复应变，最小水平恢复应变，轴向恢复应变；

P_{b}——试样所在深度的孔隙压力（Pa）；

ν——岩石的泊松比。

2. 微分应变曲线分析法（差应变分析法）**测量步骤**

1）现场取芯，标记岩芯深度、位置等信息。

2）将岩芯加工成边长为 4cm 的正方体试样，加工过程不允许出现新的裂隙，记录试样在原位方位。

3）清理试样并干燥至少 24h，然后粘贴至少 12 个方向的应变片，如图 1-9 所示。

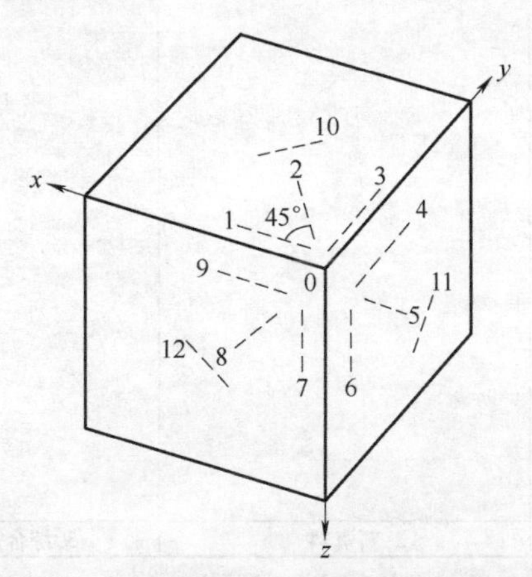

图 1-9　微分应变曲线分析法应变片布置方向

4）将试样和一个熔凝氧化硅模型一同放入一个高压容器中。逐步施加静水压力到200MPa，记录加载过程应变片变化数值。

5）标定并分析各个方向应变与压力关系，计算出各个方向裂隙应变分量，根据各方向裂隙闭合应变推算原岩应力方向。

1.3 地应力分布规律及估算分析

地应力存在于未受扰动的原岩之中，地应力的准确获取需要结合地质调查、数学分析、现场测量、室内标定等研究综合分析和给出。国际岩石力学学会建议了地应力模型分析的 FRSM 方法，如图 1-10 所示。

最佳估计应力模型 BESM		应力测量方法 SMM		综合应力测定 ISD	最终岩石应力 模型 FRSM
资料提取	估计应力等级 世界应力图 资料库	钻孔方法	水力压裂 HTPF 套管压裂 钻孔释放 钻孔爆破	ISD模型 水力压裂 HTPF 过度取芯 焦点机制	
地形/地质 资料	地形 地貌 冰川作用				
	抬升 沉降	基于核心 的方法	ASR, DSA, DSCA, DWVA, WVA, DIF 核心盘 卡勒效应	断层滑动分析 其他	
	岩性 岩石类型 扩展 边界 各向异性	地震 FIS，MIS，RIS		数值模型 岩石力学参数 边界条件 几何 软件(BEM, DEM, FEM等)	
	应力解耦				
	地质构造 断层 山脉 堤坝 破碎带 节理				
钻孔和 岩芯资料	钻孔资料 稳定性 爆破 断层滑动分析 岩石质量 地下水				
	核心资料 核心盘 断层滑动分析				
1. 现有资料		2. 新资料		3. 综合资料	4. 最终资料

图 1-10 FRSM 方法

首先在地应力测量前后需结合地质信息、地层信息对测量区域应力分布和以往该区域地应力测量结果进行分析和调研，这一过程被称为BESM（Best Estimate Stress Model，最佳估计应力模型）。通过初步分析和以往测量数据的研究，根据地层情况和现场条件选择适合的地应力测量方法并提出合理的地应力测量方案。在地应力测量方案提出后，进行地应力测量，根据测量结果和岩石室内试验数据，建立地应力分析的力学模型，这一过程称为ISD（Integrated Stress Determination，综合应力测定）。整合分析中，包括根据测点数据估算区域应力信息，根据室内试验数据得到地应力计算参数，根据测量信息获取应力边界条件等。结合地质构造条件综合分析得到地应力结果的最终数据。由此可见，地应力测量中，地质信息的获取和区域构造应力场的分析对测量具有重要的校核和指导作用。随着深地科学战略的不断开展，蔡美峰院士提出了地应力测量从本构模型、测量理论、标定技术、传感器性能、应力场拟合算法等方面进行综合改进，逐步完善并发展适合深部非线性岩体环境的地应力测量新理论、新方法，从而实现地应力精确测量的发展规划。

通过理论分析研究，地质调查和大量的地应力测量资料调研，已初步认识到浅部地壳应力分布的一些基本规律。首先，地应力场是一个非稳定场，随着时间和空间的改变，地应力在不断变化，但对于某个特定区域在一定时间内，可以认为地应力场相对稳定。其次，李四光先生提出“在构造应力的作用仅影响地壳上层一定厚度的情况下，水平应力分量的重要性远远超过垂直应力分量”，这也与目前地应力测量结果相吻合。具体规律体现如下：

1）地应力是一个具有相对稳定性的非稳定应力场，它是时间和空间的函数。地应力受到地球万有引力、板块运动、地表剥蚀等因素的影响，呈现区域性差异。同时，同一地区地应力在时间维度上不断改变。对于某一工程对象而言，100年内，若无大的地震或地质活动，可以认为其应力场基本不变。

2）实测垂直应力基本等于上覆岩层的自重应力。虽然浅部地层垂直应力较为分散，但大量数据显示垂直方向应力与上覆岩层自重应力十分吻合。Hoek和Brown两名学者，总结了世界多个国家的地应力测量数据，给出了地应力大小随深度的关系，如图1-11所示。基于此规律，水压致裂地应力测量方法中，提出了垂直应力为一主应力且大小等于岩层自重应力的假设。

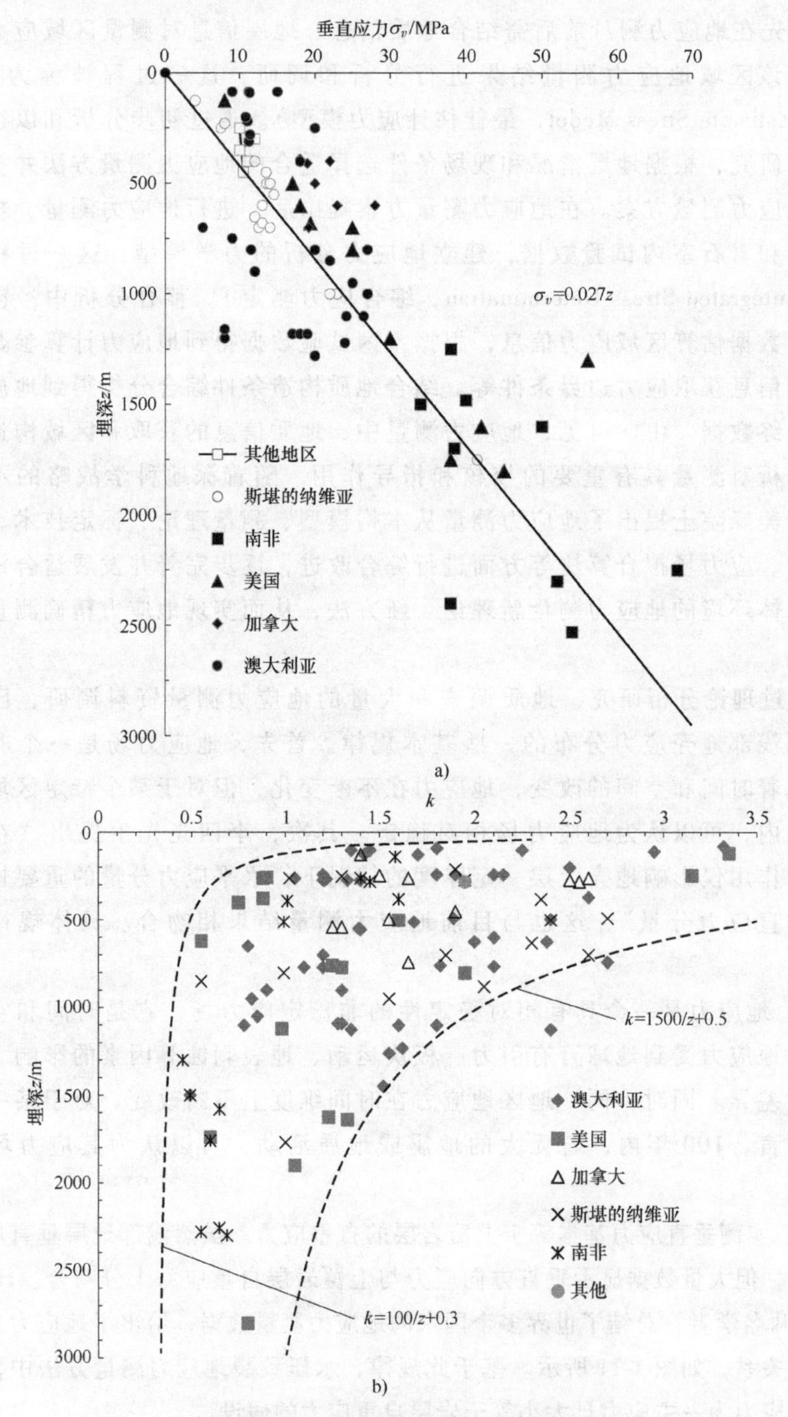

图 1-11　地应力随深度变化关系

a）垂直应力与埋藏深度关系的实测结果　b）水平主应力和垂直主应力的比值 k 与深度关系的实测结果

3）水平应力普遍大于垂直应力。目前，全世界地应力水平主应力平均值与垂直主应力比值一般为0.5~5.0，绝大多数为0.8~1.5。这说明水平方向的构造运动对地壳浅层地应力的形成起控制作用。随着深地科学的不断开展，水平主应力和竖直主应力的关系也在不断被探索，深部地层应力分布规律研究未来将显得原来越重要。

4）平均水平应力与垂直应力的比值随深度增加而减小，但在不同地区，变化的速度不同。

5）最大水平主应力和最小水平主应力也随深度呈线性增长关系。最大水平主应力和最小水平主应力之值一般相差较大，显示出很强的方向性。

6）地应力的上述分布规律还会受到地形、地表剥蚀、风化、岩体结构特征，岩体力学性质、温度，地下水等因素的影响，特别是地形和断层的扰动影响最大。

随着大数据分析技术的发展，全球地应力图谱也在逐步完善。世界地应力图谱项目（the World Stress Map Project）于1992年7月初步成形，由18个国家的30余位科学家合作完成。图谱项目致力于编译当代世界地壳构造应力数据库。世界地应力图谱（WSM）在全世界科学家和地质工作者的合作下，不断完善和更新。当前数据主要来源于自2009年以来由德国波茨坦地球科学中心亥姆霍兹中心和地震灾害与应力研究部门维护的地应力数据。WSM项目1986年获得资助，2012年起WSM归入ICSU世界数据系统。

图谱中根据地应力测试方法和数据综合分析对全球应力数据进行分组和数据可靠性的判断，目前发布的版本是2016年的WSM数据，其中包含42870组地应力数据，测量深度达到了40km，同时相比2008年图谱数据增加了4000个钻孔的信息。

第2章 地应力测量中的岩石非线性表现

近十几年，随着对岩体的深入研究，学者们已普遍认为岩体具有非线性特征。郑颖人院士指出非线性是岩石力学行为的本质特征，钱七虎院士阐述了深部岩体力学中非线性岩石力学的新进展的若干关键问题。非线性岩石力学应采取理论研究、试验研究与现场验证相结合的研究方法，进行综合分析、相互验证和相互补充，同时开展充分反映岩石非线性特征的数值模拟研究工作。理论上借助当今成熟的线弹性科学基础大力发展岩石非线性弹性理论，试验上着重研究岩石非线性特征尤其是弹性阶段的非线性，在实验室和现场连续监测某些参量变化特征，跟踪记录非线性变化过程。

地应力测量中的间接测量法需借助本构模型进行应力-应变推导从而得到地应力状态。传统地应力测量方法中采用广义胡克定律的线弹性假设，而深部应力环境下应变恢复路径中岩石呈现非线性特征，如果采用线弹性模型计算就会造成计算结果的偏差。因此要研究岩石应力水平不同时的非线性行为，为工程岩体稳定和地应力精准测量提供前提。总体说来常规岩石非线性特性可以分为几何非线性、物理非线性和时间非线性三类，部分学者考虑岩石强度变化趋势提出了强度非线性的概念。

传统应变恢复地应力测量方法中假设解除岩芯受力-变形属于小变形范畴，采用小变形理论进行求解。岩体几何非线性体现在求解过程中，岩体或岩芯尺寸改变不满足小变形前提。常规浅埋条件下只有软岩岩体在受力扰动后会产生较大变形，而随着深部工程的开展，部分深部硬岩岩体工程中岩体也出现了十分明显大变形特征。小变形理论求解不符合现场情况，因此在应力长期监测中考虑岩体大变形影响，提出深部岩体几何非线性适应性算法是保证深部岩体应力测量和监测准确性的重要前提。

物理非线性是指应力-应变关系中，变形参数随应力条件改变而改变。在“向地球深部进军”的号召下，深部工程和深地科学探索正逐步开展，深部地层中岩石处于高应力、强扰动条件，表现出明显的与应力水平相关的非线性特征。长江科学院汪斌等人通过室内岩石的三轴加卸载力学试验验证了岩石在高应力下的非线性强度特征。图 2-1 为加州大学所做砂岩的三轴压缩试验，其应力-应变曲线可用二次多项式来拟合，图 2-2 为岩石体积模量 K、剪切模量 G 与应变之间的非线性关系。说明岩石在加载的过程中其弹性模量、体积模量、剪切模量并不是线性变化的过程，线性变化只是非线性在某一应力阶段的特殊情况。

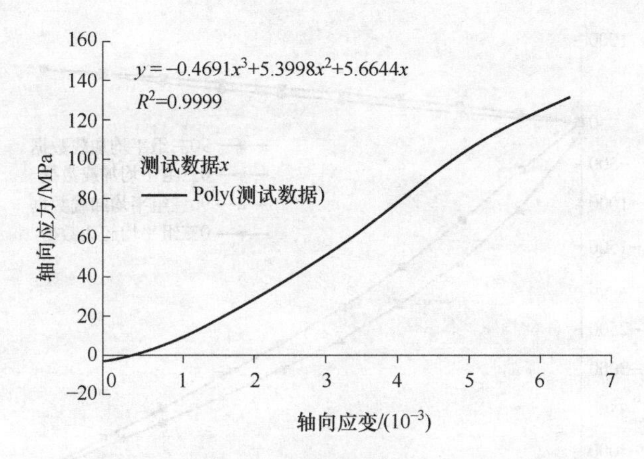

图 2-1　砂岩三轴压缩试验曲线（加州大学）

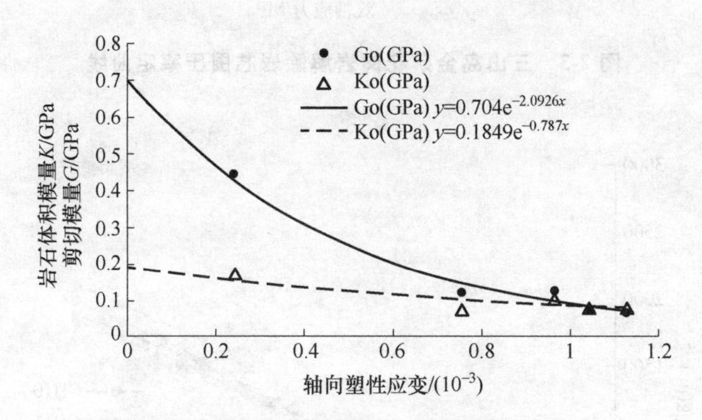

图 2-2　岩石 K、G 与应变之间的非线性关系

在传统地应力测量方法中采用线弹性假设得到解除岩芯的弹性模量和泊松比，而深部岩石、岩体在高应力作用下，采用线弹性理论计算会产生较大误差。如在双轴加载试验中，最小主应力不变而应力水平逐渐增大，岩芯加卸载的非线性特征明显，如图 2-3 所示。基于岩石应力应变关系特征和地应力测量取芯试验结果，皇甫琪、李远提出采用体应力-体积模量-剪切模量关系建立地应力测量中需要的非线弹性模型。李远、付双双、乔兰等针对空心包体地应力测量试验率定应力路径特点对原公式进行修正，并对相关参数进行标准化处理，提出明确的物理意义。但在金川 1150 水平应力长期监测中，岩体变形量较大，如图 2-4 所示，除采用积分迭代方法消除几何非线性影响外，考虑应力水平对岩芯变形模量的影响进行求解仍然与实际情况有较大误差。因此应力监测中需考虑深部岩体物理非线性与时间非线性的耦合作用。

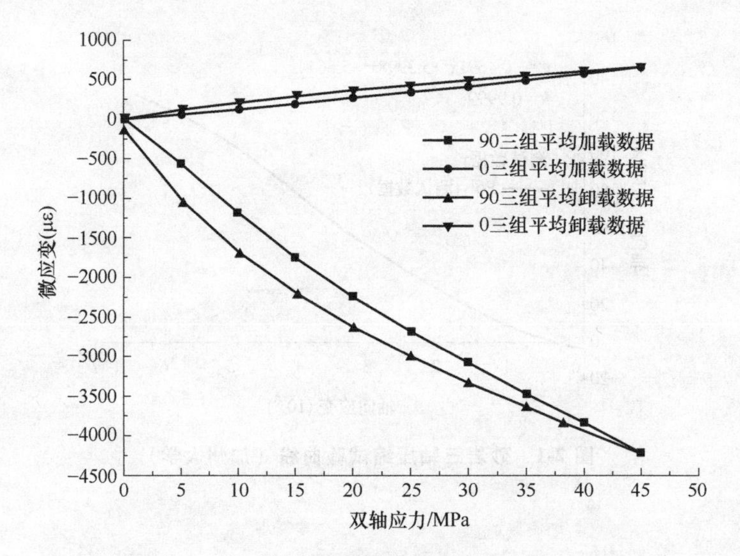

图 2-3 三山岛金矿花岗岩解除岩芯围压率定曲线

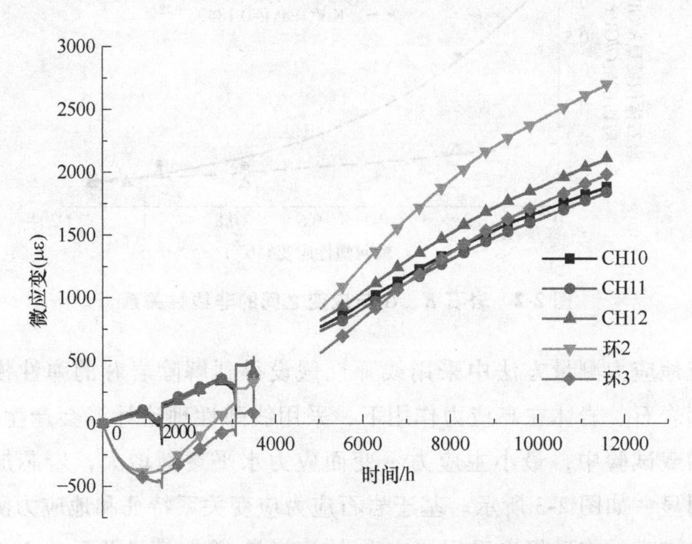

图 2-4 金川 1150 水平空心包体应力计长期监测曲线

时间非线性方面，在岩石力学中采用蠕变模型对时效性变形进行分析。常规蠕变模型均由三个基本元件组合而成，分别是：胡克体（弹簧）、牛顿体（阻尼筒）、库伦体（摩擦片）。有三个基本元件组合可形成具有不同蠕变性质的力学模型，常见的如马克斯威尔体、开尔文体等。

同时岩石破坏是一个复杂的过程，其中包含了多种破坏机制，而各种破坏机制在某一特定应力水平下起主导作用，这就使岩石的强度非线性特征也显现出来。传统岩石、岩体力学中应用较广的有摩尔-库仑（Mohr-Coulomb）强度理论、德鲁克-普拉格（Druker-Prager，简称 DP）强度理论、霍克-布朗（Hoek-Brown）强度准则及基于以上强度理论/准则演化而来的相关强度模型。如 C. D. Martin 等人在 20 世纪 90 年代提出了针对脆性硬岩破坏的 $m=0$ 准则，Pan 和 Hudson（1998），Priest（2005），Zhang 和 Zhu（2007），Melkoumian 等，提出了相应的 Hoek-brown 准则的 3D 形式。基于现有试验数据国际岩石力学学会（2012）以八面体剪应力为标准，提出了针对真三轴条件下岩石强度的建议分析方法。俞茂宏教授提出了双剪强度理论（1983）和统一强度理论（1992）等。Mogi（1971）提出了基于八面体剪切应力 $\tau_{otc}=\sqrt{2}q/3$ 的真三轴强度准则，其中平均应力定义为 $\sigma_{m,2}=(\sigma_{\mathrm{I}}+\sigma_{\mathrm{III}})/2$。Mogi 的破坏面在 σ_{m2}，τ_{otc} 平面可以是线性的也可以是非线性的，但是在 π 平面是弯曲的。You（2009）引入了指数形式的 Mogi 型准则，与一些选定的多轴强度数据显示出良好的一致性。作为摩尔-库仑（Mohr-Coulomb）的扩展，Paul（1968）从单轴压缩、三轴（各向同性）伸长和单轴伸长的应力状态提出了 PMC 模型，在 p-q 平面和 π 平面中以分段线性的方式解释破坏表面的弯曲特性，如图 2-5 所示虚线，如果有足够的数据，可以拟合具有六个材料参数、四个内摩擦角和两个不同顶点的独立平面，两个平面以分段线性的方式描述非线性破坏，由此产生的破坏表面是一个六面的和十二面的棱锥。Labuz 教授也在国际岩石力学学会破坏准则建议方法中提出了采用分段线性的方法拟合非线性强度特征。

综上所述，在岩石、岩体应力状态发生改变时，其强度特征、刚度变形特征均表现出明显的非线性。岩石力学计算理论中，小变形理论假设不适应岩体非线性大变形计算。因此，在地应力测量中尤其是深部岩体地应力测量需要考虑岩石、岩体非线性影响，具体表现如下：

1）岩石应力-应变求解中的几何非线性计算方法。

2）应力-应变关系中的非线弹性本构。

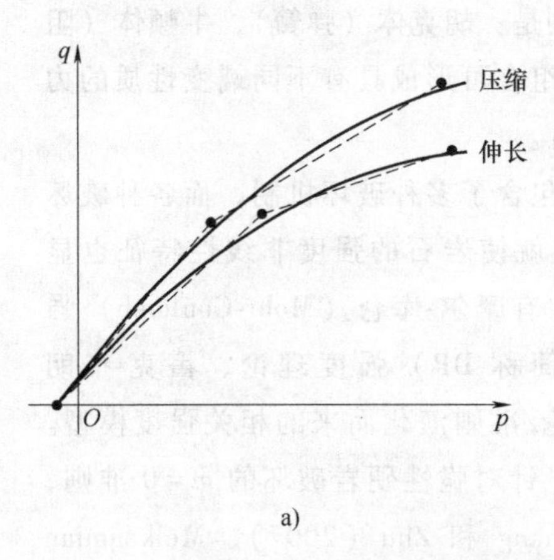

a)

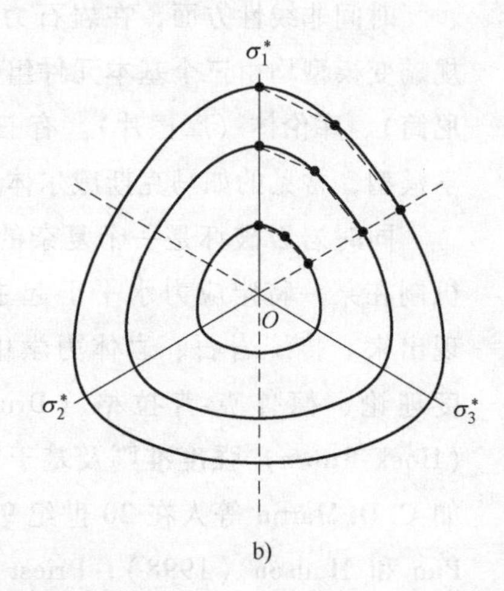

b)

图 2-5 非线性的分段线性近似破坏准则

a) p-q 平面中 b) π 平面

3）高应力条件下岩石变形的时效非线性特征。

4）岩石、岩体的强度非线性特征。

2.1 岩石的非线弹性模型

2.1.1 邓肯-张非线弹性模型

我国现行行业标准《公路隧道设计规范第一册　土建工程》（JTG 3370.1—2018）中规定，用地层结构法计算岩石单元中非线性弹性模型时，采用邓肯-张模型。邓肯-张模型也是目前唯一列入我国规范中的非线弹性模型，其采用切线弹模和切线泊松比代替常规割线弹模和泊松比实现岩石单元的非线性变形描述。

邓肯-张模型的假设认为应力-应变关系可用双曲线关系近似描述，如图 2-6 所示。在主应力 σ_3保持不变时，有

$$\sigma_1-\sigma_3=\frac{\varepsilon_1}{a+b\varepsilon_1} \tag{2-1}$$

轴向应变和侧向应变之间也存在双曲线关系，有

$$\varepsilon_1=\frac{\varepsilon_3}{f+b\varepsilon_3} \tag{2-2}$$

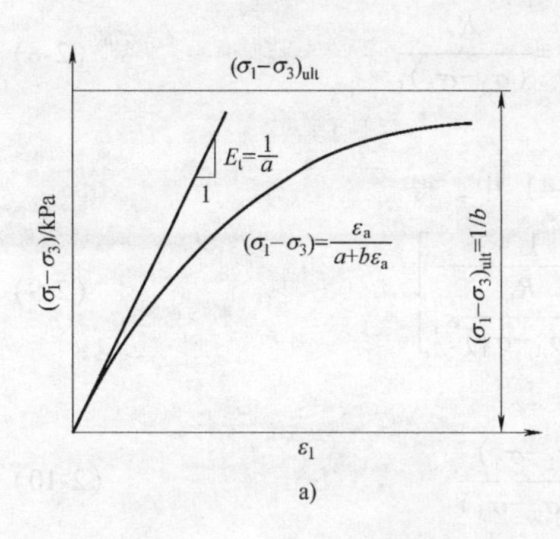

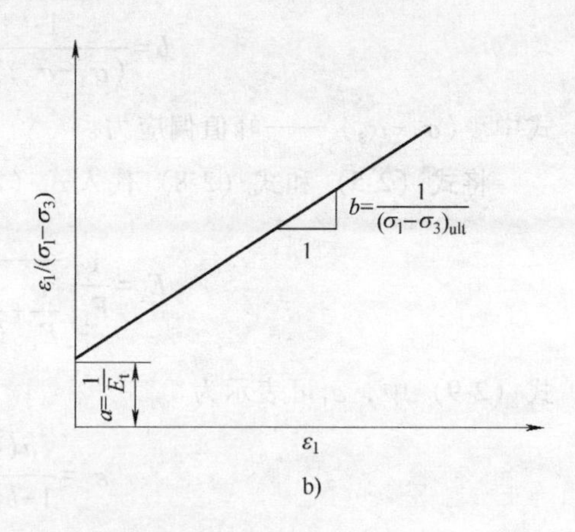

图 2-6　应力应变关系曲线

a）邓肯-张模型双曲线关系图　b）邓肯-张模型参数物理意义

1. 切线变形模量 E_t

在常规三轴试验中，式（2-1）可以写为

$$\frac{\varepsilon_1}{\sigma_1-\sigma_3}=a+b\varepsilon_1 \tag{2-3}$$

在常规三轴试验中，由于 $d\sigma_2=d\sigma_3=0$，所以切线模量为

$$E_t=\frac{d(\sigma_1-\sigma_3)}{d\varepsilon_1}=\frac{a}{(a+b\varepsilon_1)^2} \tag{2-4}$$

在试验起始点，$\varepsilon_1=0$，$E_t=E_i$，则

$$E_i=\frac{1}{a} \tag{2-5}$$

式中　a——起始变形模量 E_i 的倒数。

当式（2-1）中，$\varepsilon_1\longrightarrow\infty$，则

$$(\sigma_1-\sigma_3)_{ult}=\frac{1}{b} \tag{2-6}$$

式中　b——双曲线的渐近线所对应的极限偏差应为 $(\sigma_1-\sigma_3)_{ult}$ 的倒数。

定义破坏比 R_f，即

$$R_f=\frac{(\sigma_1-\sigma_3)_f}{(\sigma_1-\sigma_3)_{ult}} \tag{2-7}$$

$$b=\frac{1}{(\sigma_1-\sigma_3)_{\text{ult}}}=\frac{R_f}{(\sigma_1-\sigma_3)_f} \tag{2-8}$$

式中　$(\sigma_1-\sigma_3)_f$——峰值偏应力。

将式（2-5）和式（2-8）代入式（2-4）中，得

$$E_t=\frac{1}{E_i}\left[\frac{1}{\frac{1}{E_i}+\frac{R_f}{(\sigma_1-\sigma_3)}\varepsilon_1}\right]^2 \tag{2-9}$$

式（2-9）中，ε_1可表示为

$$\varepsilon_1=\frac{a(\sigma_1-\sigma_3)}{1-b(\sigma_1-\sigma_3)} \tag{2-10}$$

由式（2-4）、式（2-5）、式（2-8）、式（2-10），得

$$E_t=E_i\left[1-R_f\frac{\sigma_1-\sigma_3}{(\sigma_1-\sigma_3)_f}\right]^2 \tag{2-11}$$

根据摩尔-库仑强度准则

$$(\sigma_1-\sigma_3)_f=\frac{2c\cos\phi+2\sigma_3\sin\phi}{1-\sin\phi} \tag{2-12}$$

由于 $\lg(E_i/p_a)$ 与 $\lg(\sigma_3/p_a)$ 近似呈线性关系，得

$$E_i=Kp_a\left(\frac{\sigma_3}{p_a}\right)^n \tag{2-13}$$

因此，将式（2-12）和式（2-13）代入式（2-11），得切线模量表达式为

$$E_t=Kp_a\left(\frac{\sigma_3}{p_a}\right)^n\left[1-\frac{R_f(\sigma_1-\sigma_3)(1-\sin\phi)}{2c\cos\phi+2\sigma_3\sin\phi}\right]^2 \tag{2-14}$$

式中　R_f——破坏比，数值小于 1（一般在 0.75~1.0 之间）；

p_a——大气压力（Pa），一般取 100kPa；

c、ϕ——土的内聚力和内摩擦角；

K、n——试验常数，分别代表 $\lg(E_i/p_a)$-$\lg(\sigma_3/p_a)$ 直线的截距和斜率。

2. 切线泊松比

假定在常规三轴压缩试验中轴向应变 ε_1和侧向应变$-\varepsilon_3$之间也存在双曲线关系，即

$$\varepsilon_1=\frac{-\varepsilon_3}{f+D(-\varepsilon_3)} \tag{2-15}$$

或者

$$\frac{-\varepsilon_3}{\varepsilon_1}=f+D(-\varepsilon_3)=f-D\varepsilon_3 \tag{2-16}$$

当式（2-15）中，$-\varepsilon_3 \longrightarrow 0$ 时，可得初始泊松比

$$\nu_i=f=G-F\lg\left(\frac{\sigma_3}{p_a}\right) \tag{2-17}$$

对式（2-15）进线微分，得

$$\nu_t=\frac{-d\varepsilon_3}{d\varepsilon_1}=\frac{(1-D\varepsilon_1)f+D\varepsilon_1 f}{(1-D\varepsilon_1)^2}=\frac{\nu_i}{(1-D\varepsilon_1)^2} \tag{2-18}$$

将式（2-5）、式（2-8）、式（2-10）、式（2-17）代入式（2-18），可得切线泊松比为

$$\nu_t=\frac{G-F\lg(\sigma_3/p_a)}{\left\{1-\dfrac{D(\sigma_1-\sigma_3)}{Kp_a\left(\dfrac{\sigma_3}{p_a}\right)^n\left[1-\dfrac{R_f(\sigma_1-\sigma_3)(1-\sin\phi)}{2c\cos\phi+2\sigma_3\sin\phi}\right]}\right\}^2} \tag{2-19}$$

式中　G、F、D——试验常数（可取若干不同围压的三轴试验平均值）。

2.1.2　考虑体积模量和剪切模量变化的岩石非线性模型

目前非线弹性研究中，习惯将研究建立在围压与弹模关系的基础上，但单独研究弹性模量和泊松比与平均应力的关系是不科学的，因为围压一定时，随着轴压的增长岩石应力水平也在逐步变化。应力水平的增长使岩石发生了裂隙压密和裂隙扩展，而正是裂隙的变化使得岩石表现出明显的非线性特征。因此岩石非线性研究应考虑应力水平整体趋势，研究体积模量 K 和剪切模量 G 与岩石应力水平关系，与弹性模量和泊松比关系式为

$$\begin{cases} K=\dfrac{E}{3(1-2\nu)} \\ G=\dfrac{E}{2(1+\nu)} \end{cases} \tag{2-20}$$

平均应力 p 表示岩样的三维受力状态，其计算式为 $p=(\sigma_1+\sigma_2+\sigma_3)/3$。三轴压缩岩石试验中 $\sigma_2=\sigma_3$，则平均应力可以表示为 $p=(\sigma_1+3\sigma_3)/3$。李远、付双双、乔兰等（2019）对深部岩石取样进行了一系列试验（图2-7~图2-10），采用双

曲线模型函数进行拟合，表达深部岩石非线性变形特征，即

$$\begin{cases} K = K_0 + \dfrac{p}{a+b\times p} \\ G = G_0 + \dfrac{p}{c+d\times p} \end{cases} \tag{2-21}$$

式中 p——平均应力（Pa）；

K_0、G_0——初始的体积模量和剪切模量（Pa），即当 $p=0$，K 和 G 的值。

参数 a、b、c、d 定义如下：

$$\frac{1}{a} = \left.\frac{\mathrm{d}K}{\mathrm{d}p}\right|_{p=0} \tag{2-22}$$

$$\frac{1}{b} = K\big|_{p=\infty} - K_0 = \Delta K_{\mathrm{ult}} \tag{2-23}$$

$$\frac{1}{c} = \left.\frac{\mathrm{d}G}{\mathrm{d}p}\right|_{p=0} \tag{2-24}$$

$$\frac{1}{d} = G\big|_{p=\infty} - G_0 = \Delta G_{\mathrm{ult}} \tag{2-25}$$

式中 $\dfrac{1}{a}$、$\dfrac{1}{c}$——平均应力为 0 时的体积模量、剪切模量初始增长率；

$\dfrac{1}{b}$、$\dfrac{1}{d}$——平均应力趋于无穷大时，模量极限值。

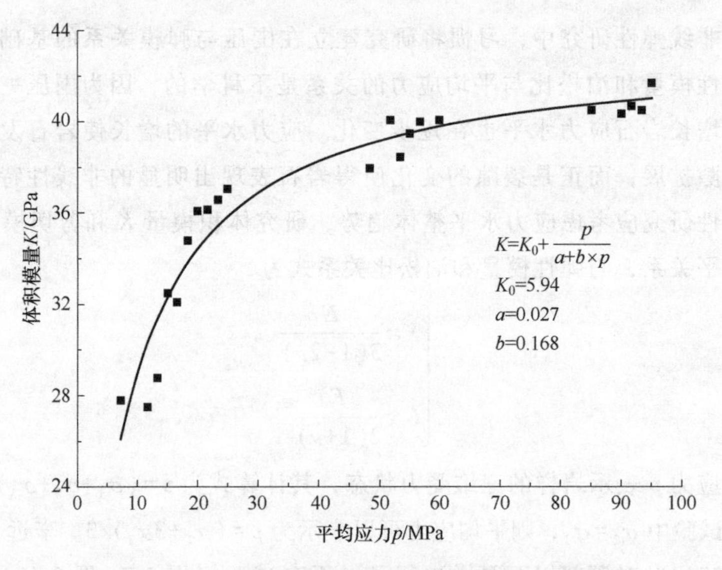

图 2-7 三山岛花岗岩体积模量与平均应力数据拟合

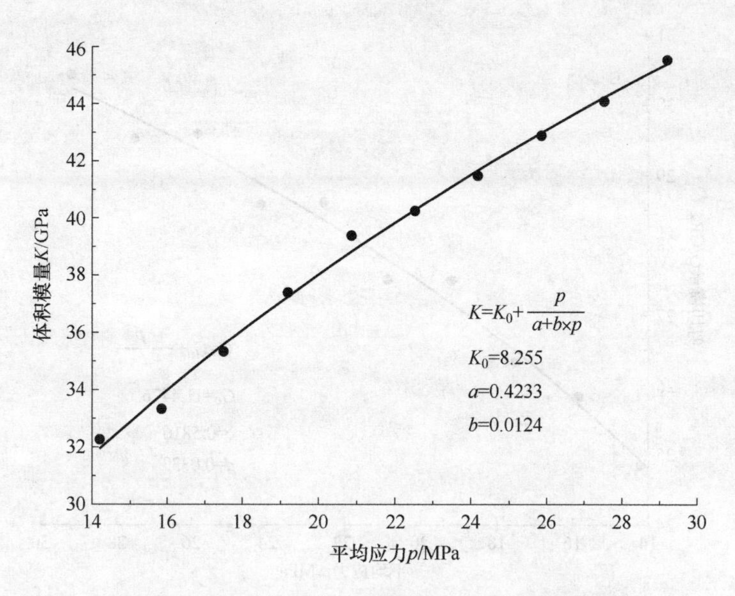

图 2-8　金川花岗岩体积模量与平均应力数据拟合

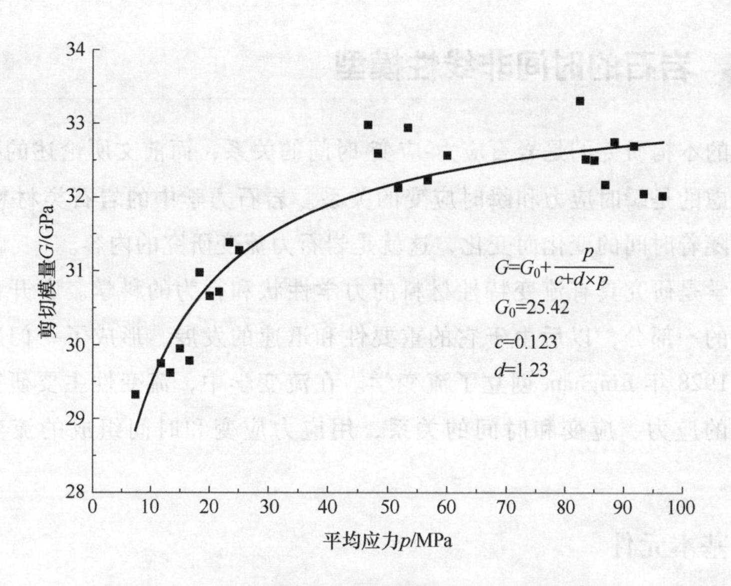

图 2-9　三山岛花岗岩剪切模量与平均应力数据拟合

式（2-20）和式（2-21）给出了体积模量和剪切模量与平均应力非线性关系，为非线性岩体地应力测量提供了理论依据。

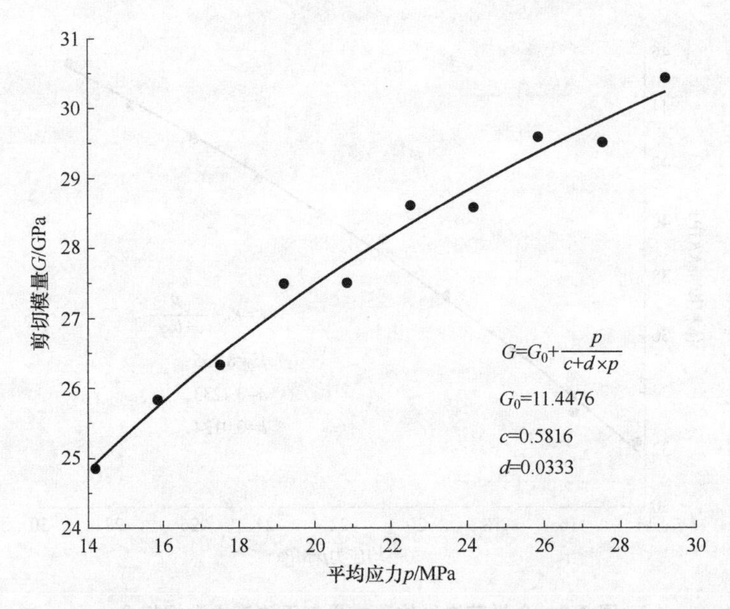

图 2-10　金川花岗岩剪切模量与平均应力数据拟合

2.2　岩石的时间非线性模型

岩石的本构研究的是岩石应力-应变-时间的关系，而前文所论述的弹性、塑性模型考虑的是瞬时应力和瞬时应变的关系。岩石力学中的岩石类材料应力-应变关系会随着时间的变化而变化，这就是岩石力流变研究的内容。

流变学是研究具有流变特性材料的力学性状和行为的科学。它开始时曾是塑性力学的一部分，以后由于它的重要性和迅速的发展，形成了一门新兴的力学分支。1928 年 Bingham 创立了流变学。在流变学中，流变性主要研究材料流变过程中的应力、应变和时间的关系，用应力应变和时间组成的流变方程来表达。

2.2.1　基本元件

岩石时效性本构关系研究可以将岩石变形分为三个部分：瞬时弹性变形、瞬时塑形变形、时效性变形。根据不同变形阶段的应力-应变关系可由三个基本元件表示，而复杂的力学模型也可以由此三个基本元件组合形成。流变学中经常以提出和使用该元件或模型的学者名字为元件和模型体命名，并以字母及其联接符号来表示：H——弹性元件（胡克体），Y——塑性元件（滑动器），N——黏性元件（牛顿体），如图 2-11 所示。

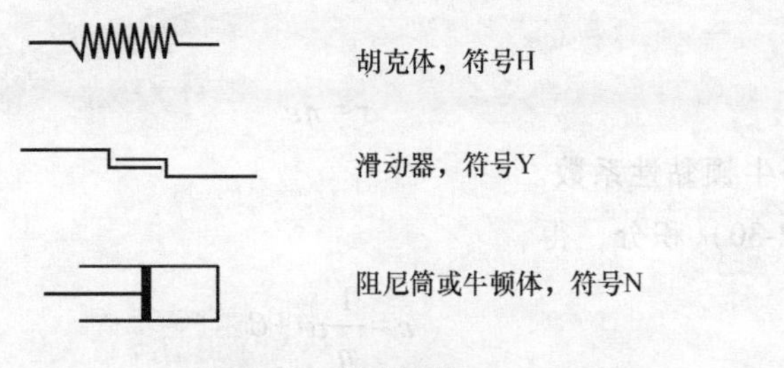

图 2-11　基本元件

1. 弹性元件（胡克体）

这种元件的应力-应变为线弹性关系，即

$$\sigma = E\varepsilon \tag{2-26}$$

弹性模量 E 是常数，将式（2-26）对时间 t 微分，则得

$$\frac{\mathrm{d}\sigma}{\mathrm{d}t} = E\frac{\mathrm{d}\varepsilon}{\mathrm{d}t} \tag{2-27}$$

或写成

$$\dot{\sigma} = E\dot{\varepsilon} \tag{2-28}$$

流变学中通常以 K 表示弹簧的刚性系数，故胡克体的应力-应变关系通常写为

$$\sigma = K\varepsilon \tag{2-29}$$

由式（2-29）可知弹簧元件的性能如下：

1）具有瞬时弹性变形性质，无论荷载大小，只要 σ 不为零，就有相应的应变 ε，当 σ 变为零（卸载）时，ε 也为零，说明没有弹性后放，即与时间无关。

2）应变为恒定时，应力也保持不变，应力不因时间增长而减小，故无应力松弛。

3）应力保持恒定，应变也保持不变，故无蠕变。

2. 塑性元件（滑动器）

塑性元件的性能是：当 $\sigma<\sigma_s$ 时，$\varepsilon=0$；$\sigma\geqslant\sigma_s$ 时，$\varepsilon\to\infty$；即 $\sigma<\sigma_s$ 时不滑动，无任何变形，若应力 $\sigma\geqslant\sigma_s$ 时，变形无限增长，σ_s 为材料的屈服极限。

3. 黏性元件（牛顿体）

牛顿体（Newtonean Fluid）是一种黏性体，符合牛顿流动定义，即应力与应

变速率成正比，元件的本构关系为

$$\sigma=\eta\frac{\mathrm{d}\varepsilon}{\mathrm{d}t} \tag{2-30}$$

即

$$\sigma=\eta\dot{\varepsilon} \tag{2-31}$$

式中 η——牛顿黏性系数。

将式（2-30）积分，得

$$\varepsilon=\frac{1}{\eta}\sigma t+C \tag{2-32}$$

式中 C——积分常数。

当 $t=0$ 时，$\varepsilon=0$，则 $C=0$

$$\varepsilon=\frac{1}{\eta}\sigma t \tag{2-33}$$

当 $t=t_1$时，$\sigma=\sigma_0$，即

$$\varepsilon=\frac{1}{\eta}\sigma_0 t_1$$

分析牛顿体的本构关系，可以得出牛顿体具有以下性质：

1）因 $\varepsilon=\frac{1}{\eta}\sigma_0 t_1$，$t=0$ 时，$\varepsilon=0$，当应力为 σ_0时，完成其相应的应变需要时 t_1，说明应变与时间有关，牛顿体无瞬时变形，从元件的物理概念也可知，当活塞受一拉力，活塞发生位移，但由于黏性液体的阻力，活塞的位移逐渐增大，位移随时间增长。

2）当 $\sigma=0$ 时，$\eta\dot{\varepsilon}=0$，积分后得 $\varepsilon=\mathrm{const}$，表明去掉外力后应变为常数，活塞的位移立即停止，不再恢复，只有再受到相应的压力时，活塞才回到原位。所以牛顿体无弹性后效，有永久变形。

3）当应变 $\varepsilon=\mathrm{const}$ 时，$\sigma=\eta\dot{\varepsilon}=0$，说明当应变保持某一恒定值后，应力为零。无应力松弛性能。

2.2.2 流变模型

流变元件的基本组合方式为串联、并联、串并联和并串联。串联以符号以“—”表示，并联以“|”表示。

1. 串联模型

（1）圣维南体（Y-H） 圣维南体由一个弹簧和一个摩擦片串联组成，代表

弹塑性体，其力学模型，如图 2-12 所示。

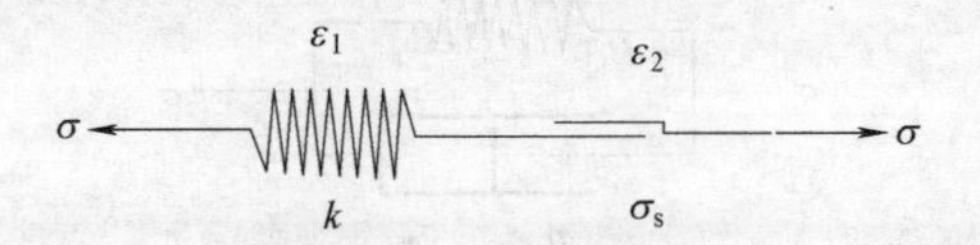

图 2-12　圣维南体模型

圣维南体的本构方程为

$$\begin{cases} \sigma<\sigma_s, \varepsilon=\dfrac{\sigma}{K} \\ \sigma \geqslant \sigma_s, \varepsilon \to \infty \end{cases} \tag{2-34}$$

如在某时刻卸载，使 $\sigma=0$，则弹性变形全部恢复，塑性变形停止，但已发生的塑性变形永久保留。

（2）马克斯威尔体（H-N）　马克斯威尔体是一种弹黏性体，它由一个弹簧和一个阻尼器串联组成，其力学模型如图 2-13 所示。

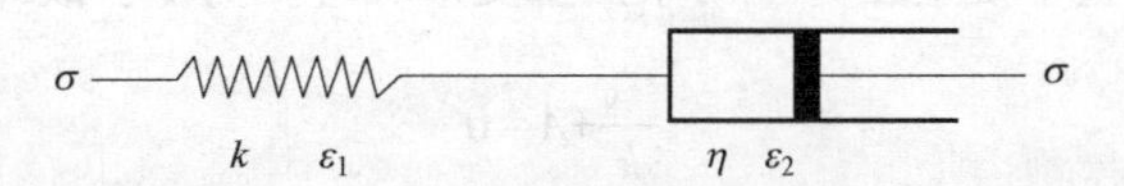

图 2-13　马克斯威尔体模型

马克斯威尔体的本构方程为

$$\dot{\varepsilon}=\frac{1}{k}\dot{\sigma}+\frac{1}{\eta}\sigma \tag{2-35}$$

蠕变方程为

$$\varepsilon=\frac{1}{\eta}\sigma_0 t+\frac{\sigma_0}{k} \tag{2-36}$$

由式（2-36）可知，模型有瞬时应变，并随着时间增长应变逐渐增大，这种模型反映的是等速蠕变。当 $t=0$ 时，黏性元件来不及变形，只有弹性元件产生变形。但是，随着时间的增长黏性元件在弹簧的作用下逐渐变形，随着阻尼器的伸长，弹簧逐渐收缩，即弹簧中的应力逐渐减小，这就是松弛。

2. 并联模型

（1）开尔文体　并联模型中应用较为广泛的是开尔文体和广义开尔文体。其中开尔文体模型如图 2-14 所示。其应力应变关系如下：

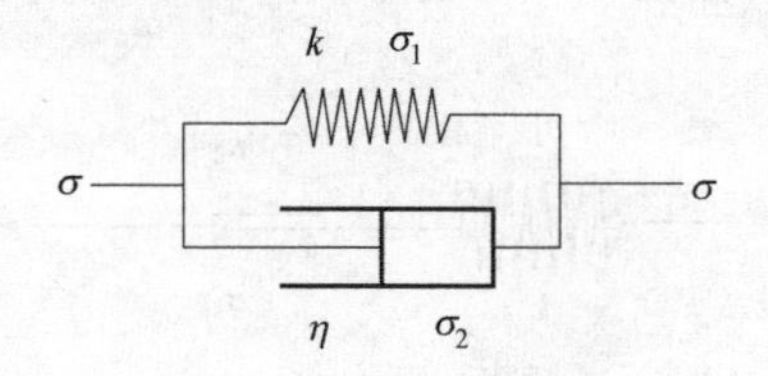

图 2-14　开尔文体模型

1）本构方程为

$$\sigma = k\varepsilon + \eta \frac{d\varepsilon}{dt} \tag{2-37}$$

2）蠕变方程为

$$\varepsilon = \frac{\sigma_0}{k} + Ae^{-\frac{k}{\eta}t} \tag{2-38}$$

式中　A——积分常数，可由初始条件求出。

当 $t=0$ 时，$\varepsilon=0$，因为施加瞬时应力 σ_0后，由于阻尼器的惰性，阻止弹簧产生瞬时变形，整个模型在 $t=0$ 时不产生变形，应变为零。故式（2-38）变为

$$\frac{\sigma_0}{k} + A = 0 \tag{2-39}$$

$$A = -\frac{\sigma_0}{K} \tag{2-40}$$

将式（2-40）代入式（2-38）得

$$\varepsilon = \frac{\sigma_0}{K}(1 - e^{-\frac{k}{\eta}t}) \tag{2-41}$$

其蠕变特性，如图 2-15 所示，所以这种模型的蠕变属于稳定蠕变。

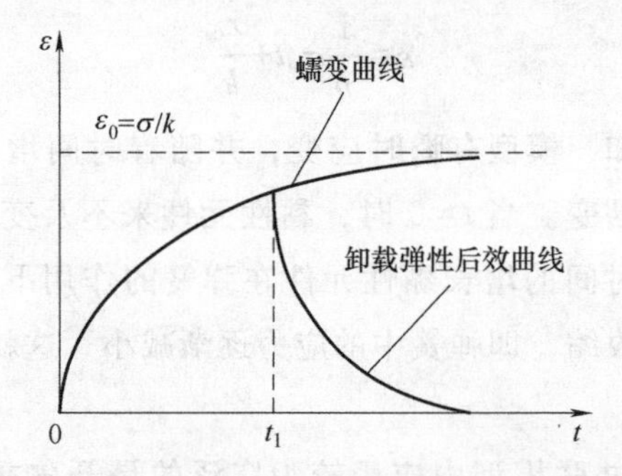

图 2-15　开尔文体蠕变曲线和卸载弹性后效曲线

3）卸载方程：在 $t=t_1$后卸载，$\sigma=0$ 可得

$$\varepsilon=\varepsilon_1 e^{\frac{k}{\eta}(t_1-t)} \tag{2-42}$$

（2）广义开尔文（Modified Kelvin）体　在现行行业标准《公路隧道设计规范第一册　土建工程》（JTG 3370.1—2018）中，将三元件广义开尔文体模型作为黏弹性模型参与地层结构法计算分析。广义开尔文体由一个开尔文元件和一个弹簧串联组成，其力学模型，如图 2-16 所示。

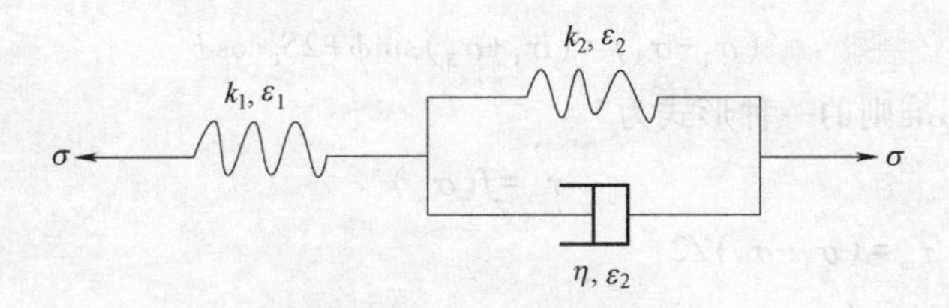

图 2-16　广义开尔文体模型

其应力-应变关系式为

$$\frac{\eta}{k_1}\dot{\sigma}+\left(1+\frac{k_2}{k_1}\right)\sigma=\eta\dot{\varepsilon}+k_2\varepsilon \tag{2-43}$$

蠕变方程用于衬砌施作后计算，方程为

$$\varepsilon=\frac{\sigma_0}{k_1}+\frac{\sigma_0}{k_2}(1-e^{-\frac{k_2}{\eta}t})=\sigma_0 J(t) \tag{2-44}$$

式中　$J(t)$——蠕变柔量；

σ_0——常量应力（Pa）。

2.3　岩石的强度非线性

2.3.1　岩石线性强度理论

1. 摩尔-库仑准则

在 ISRM 岩石特征测试和监测的建议方法（2007—2014）中关于摩尔-库仑准则的一节中指出了摩尔-库仑（MC）准则表示为一组主应力空间的线性方程，描述了各向同性材料的破坏条件，忽略了中间主应力的影响。MC 准则可以写成最大主应力 σ_1和最小主应力 σ_3的函数，或者破坏平面上的正应力 σ 和剪应力 τ 的函数（Jaeger 和 Cook，1979）。

库仑提出了下式，即

$$|\tau| = S_0 + \sigma \tan\phi \tag{2-45}$$

式中 S_0——固有剪切强度，又称黏聚力 c；

ϕ——内摩擦角，内摩擦系数 $\mu = \tan\phi$。

相对于 Tresca 准则（Nadai，1950），此准则包含两个材料常数（S_0和 ϕ）。式（2-45）在摩尔图中的表示是一条与 σ 轴成 ϕ 角的直线，通过构造与该线相切的摩尔圆，并利用三角关系，可以得到主应力的替代形式为

$$(\sigma_1 - \sigma_3) = (\sigma_1 + \sigma_3)\sin\phi + 2S_0\cos\phi \tag{2-46}$$

摩尔破坏准则的一种形式为

$$\tau_m = f(\sigma_m) \tag{2-47}$$

式中 τ_m——$\tau_m = (\sigma_1 - \sigma_3)/2$；

σ_m——$\sigma_m = (\sigma_1 + \sigma_3)/2$。

根据式（2-47）给出的关系，可以在 σ、τ 平面上构造摩尔包络图（见图 2-17），如果直径为（$\sigma_1 - \sigma_3$）的圆与破坏包络线相切则发生破坏。因此，由式（2-45）和式（2-47）可知，库仑准则等价于线性摩尔包络（见图 2-18）的假设。

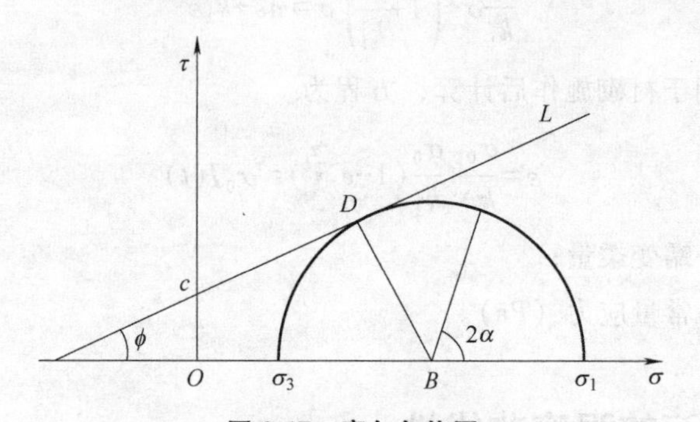

图 2-17 摩尔包络图

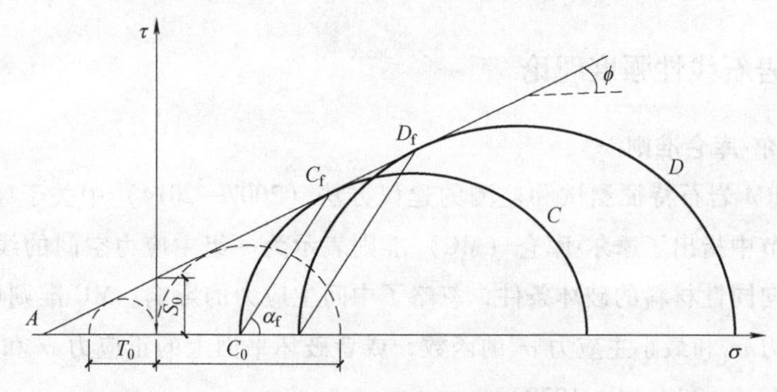

图 2-18 线性摩尔包络图

若主应力 σ_1、σ_2、σ_3没有大小顺序，摩尔-库仑准则可以写为

$$\left.\begin{aligned}\pm\frac{\sigma_1-\sigma_2}{2}=a\frac{\sigma_1+\sigma_2}{2}+b\\\pm\frac{\sigma_2-\sigma_3}{2}=a\frac{\sigma_2+\sigma_3}{2}+b\\\pm\frac{\sigma_3-\sigma_1}{2}=a\frac{\sigma_3+\sigma_1}{2}+b\end{aligned}\right\}\tag{2-48}$$

式中　a——$a=\dfrac{m-1}{m+1}$（$0\leqslant a<1$）；

m——$m=\dfrac{C_0}{T_0}=\dfrac{1+\sin\phi}{1-\sin\phi}$；

b——$b=\dfrac{1}{m+1}$；

T_0——理论 MC 单轴抗拉强度（Pa），$T_0=\dfrac{C_0}{2}(1-\sin\phi)$；

C_0——理论 MC 单轴抗压强度（Pa），通常与实测值接近，$C_0=\dfrac{m}{m+1}$。

主应力空间中破坏面的形状取决于破坏准则的形式：线性函数映射为平面，非线性函数映射为曲面。如图 2-19 所示，式（2-48）中的方程由沿六条边相交的六个平面表示，定义了一个六角形金字塔。

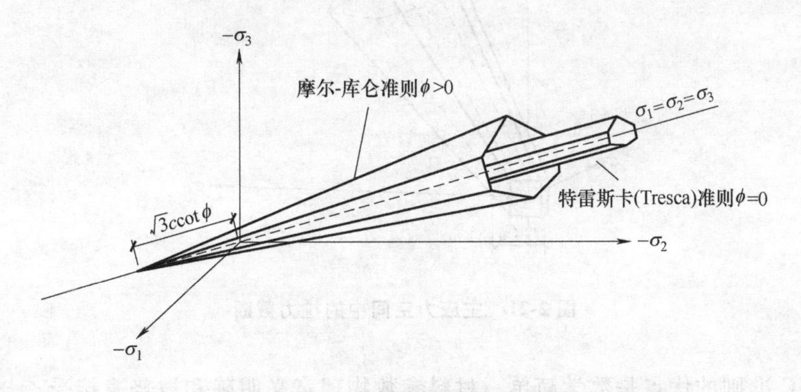

图 2-19　主应力空间的摩尔-库仑屈服面和 Tresca 屈服面

摩尔-库仑准则不适合拉破坏判断，为了解释拉破坏，Paul（1961）引入了拉力截断的概念和修正的 MC 破坏准则：当 $\sigma_1>(C_0-mT)=\sigma_1^*$ 时，式（2-47）是有

效的。但是 MC 被修改为当 $\sigma_1<\sigma_1^*$ 时，$\sigma_3=-T$。

在摩尔图上的拉力截断表示如图 2-20 所示。在主应力空间中，带拉力截断的修正 MC 准则涉及 MC 金字塔被三个垂直于主应力轴的平面的第二金字塔截断形成（图 2-21）。

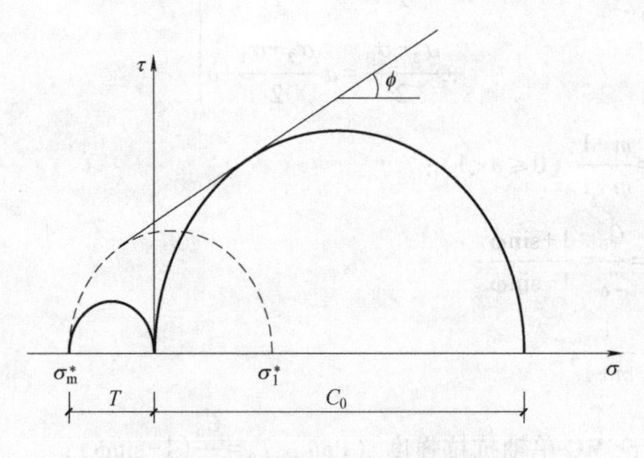

图 2-20 摩尔图上的拉力截断

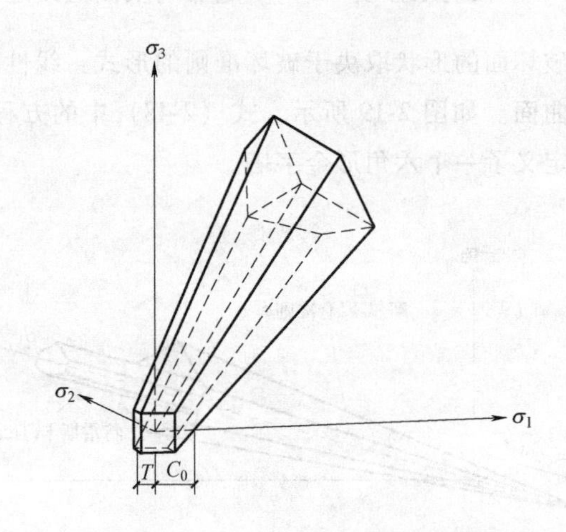

图 2-21 主应力空间中的拉力截断

MC 准则的优点是数学简单，材料参数物理意义明确和被普遍接受。与平滑函数相反，在 π 平面内包含角的失效准则的数值实现受到了限制，例如 Drucker-Prager（1952）准则（简称 D-P 准则）。变形分析需要一个流动规则，应变增量和应力之间的关系，这样的流动规则决定应变增量矢量相对于屈服条件的方向，例如，正常的关联流动规则。因此，沿 MC 金字塔两侧的应变增量矢量的方向是唯一的。

2. 德鲁克-普拉格准则

德鲁克-普拉格（DP）准则基于破坏时的八面体剪应力线性相关于八面体法向应力的假设提出。

DP 准则是对土的摩尔-库仑准则的推广，可以表示为

$$\sqrt{J_2}=\lambda I_1'+\kappa \tag{2-49}$$

式中　λ、κ——材料常数；

J_2——应力偏量张量的第二个不变量，$J_2=\frac{1}{6}[(\sigma_1'-\sigma_2')^2+(\sigma_1'-\sigma_3')^2+(\sigma_3'-\sigma_1')^2]$；

I_1'——应力张量的第一个不变量，$I_1'=\sigma_1'+\sigma_2'+\sigma_3'$（其中 σ_1'、σ_2'、σ_3'为有效应力）。

以八面体剪应力 τ_{oct}和八面体正应力 σ'_{oct}表示时，其形式为

$$\tau_{oct}=\sqrt{\frac{2}{3}}(3\lambda\sigma'_{oct}+\kappa) \tag{2-50}$$

式中　$\sigma'_{oct}=1/3I_1'$；$\tau_{oct}=\sqrt{\frac{2}{3}J_2}$。

德鲁克-普拉格准则可以被认为是 Nadai 准则的一种特殊情况，即脆性材料的机械强度采用 $\tau_{oct}=f(\sigma'_{oct})$ 的形式表示，其中 f 是单调递增函数。也可以看作是冯米塞斯（Von Mises）破坏准则的推广，当 $\lambda=0$ 时，该准则等同于冯米赛斯准则。

改进的 DP 准则包括广义 Priest 准则（Priest，2005）和 MSDP_u（Mises-Schleicher 和 Drucker-Prager unified）准则。其中 MSDP_u 准则用来近似低孔隙度岩石的短期实验室强度，并在 π 平面中提供了一个非圆包络线，允许在三轴压缩和伸长中有不同的强度值。MSDP_u 准则表示为

$$\sqrt{J_2}=b\sqrt{\frac{\alpha^2(I_1^2-2a_1I_1)+a_2^2}{b^2+(1-b^2)\sin^2(45°-1.5\theta)}} \tag{2-51}$$

$$\alpha=\frac{2\sin\phi}{\sqrt{3}(3-\sin\phi)} \tag{2-52}$$

$$a_1=\frac{1}{2}(C_0-T_0)-\frac{C_0^2-\left(\frac{T_0}{b}\right)^2}{6\alpha^2(C_0+T_0)} \tag{2-53}$$

$$a_2=\sqrt{\left[\frac{C_0+\frac{T_0}{b^2}}{3(C_0+T_0)}-\alpha^2\right]C_0T_0} \tag{2-54}$$

式中　C_0、T_0——单轴压缩强度和拉伸强度（Pa）；

ϕ——岩石的内摩擦角（°）；

θ——洛德角（°）；

b——定义准则在 π 平面形状的参数（通常 b 为 0.75）。

在式（2-49）中，当 $\lambda>0$ 时，DP 准则在应力空间为正圆锥，$\lambda=0$ 时为正圆柱；因此与 π 平面的交点是一个圆，如图 2-22 所示。

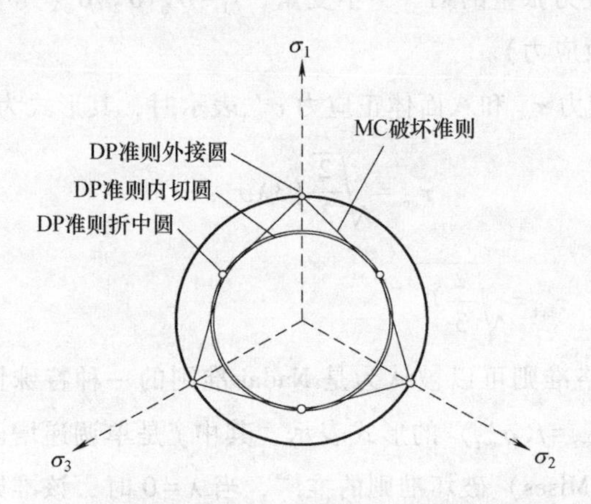

图 2-22　应力空间的 DP 准则和 MC 破坏准则

参数 λ 和 κ 可以通过三轴试验在 I_1' 和 $\sqrt{J_2}$ 空间中采用数据拟合来确定。另外，可以用标准的三轴压缩试验中获得内摩擦角和内聚力表示为

$$\begin{cases}\lambda=\dfrac{2\sin\phi}{\sqrt{3}(3-\sin\phi)}\\[2ex]\kappa=\dfrac{6c\cos\phi}{\sqrt{3}(3-\sin\phi)}\end{cases} \tag{2-55}$$

式中　c、ϕ——岩石的内聚力和内摩擦角（Pa、°）。

式（2-55）确定的 DP 破坏锥外接于摩尔-库仑六边形锥体。还可以选择获得与三轴扩展试验结果匹配 λ 和 κ 的值，则可得到图 2-22 所示的折中圆。

对于平面应变状态，假设岩石的膨胀角等于内摩擦角，即对应相适应流动规则（图 2-22 中的内切圆），即

$$\begin{cases}\kappa=\dfrac{3c}{\sqrt{9+12\tan^2\phi}}\\ \lambda=\dfrac{\tan\phi}{\sqrt{9+12\tan^2\phi}}\end{cases}\tag{2-56}$$

DP 准则的优点是它的简单性和光滑性。

DP 准则的主要局限性是，它过高估计了一般应力状态下的岩石强度，并在三轴伸长中产生显著偏差。

3. 统一强度理论

从已有的强度理论知识出发，结合 20 世纪 90 年代初以来众多研究者的共同贡献，俞茂宏教授提出了一种覆盖从强度包络线下界到上界所有区域的统一强度理论，其统一表示了摩尔-库仑强度准则、双剪强度准则以及其他非线性近似的经验准则，建立了各种破坏准则之间的关系。其数学模型为

$$\begin{cases}F=\tau_{13}+b\tau_{12}+\beta(\sigma_{13}+b\sigma_{12})=C,\tau_{12}+\beta\sigma_{12}\geqslant\tau_{23}+\beta\sigma_{23}\\ F'=\tau_{13}+b\tau_{23}+\beta(\sigma_{13}+b\sigma_{23})=C,\tau_{12}+\beta\sigma_{12}\leqslant\tau_{23}+\beta\sigma_{23}\end{cases}\tag{2-57}$$

统一强度理论也可以用三个主应力 σ_1、σ_2 和 σ_3 表示为

$$\left.\begin{array}{l}F=\sigma_1-\dfrac{\alpha}{1+b}(b\sigma_2+\sigma_3)=\sigma_t,\sigma_2\leqslant\dfrac{\sigma_1+\alpha\sigma_3}{1+\alpha}\\ F'=\dfrac{\alpha}{1+b}(\sigma_1+b\sigma_2)=-\alpha\sigma_3=\sigma_t,\sigma_2\geqslant\dfrac{\sigma_1+\alpha\sigma_3}{1+\alpha}\end{array}\right\}\tag{2-58}$$

式中　α——单轴抗拉强度与单轴抗压强度的比值；

　　b——中间应力参数，也是强度准则的参数。

当 $b=0$ 时，统一强度理论简化为单剪强度准则（如，摩尔-库仑准则）；当 $b=1$ 时，为双剪强度理论：当 b 取 0~1 时，统一强度理论形成了全谱的新线性准则，从而可以适用于各种不同的材料。该理论在反映了不同材料中不同程度的 σ_2效应方面特别适用。

一般来说，统一强度理论的破坏面是一个围绕静水应力轴的十二面锥。该破坏面的偏平面包络线如图 2-23 所示。当 $0<b<1$ 时，这个包络线是凸多边形；当 $b=0$ 或 1 时，十二面锥面变成六角形锥面；当 $b<0$ 和 $b>1$ 时，可以根据统一强度理论也可以推导出非凸多边形强度准则。

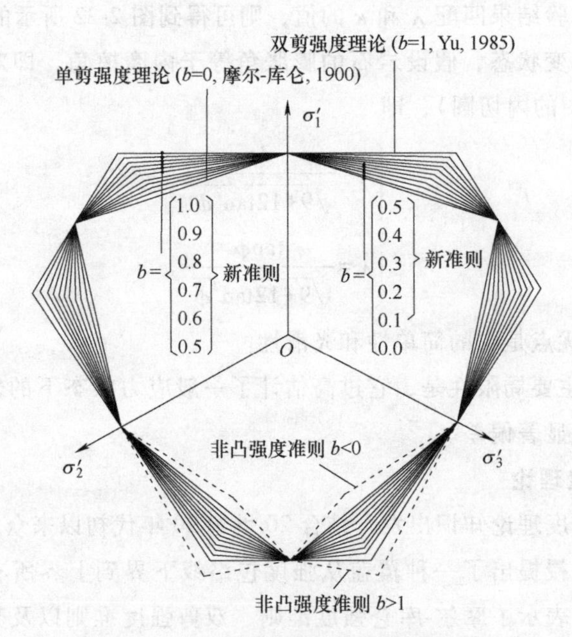

图 2-23 统一强度理论破坏面的偏平面

2.3.2 岩石非线性强度理论

1. 霍克-布朗破坏准则

英国隧道协会和土木工程师学会所的《隧道衬砌设计指南》中建议采用霍克-布朗破坏准则进行隧道稳定性分析和设计。该准则基于霍克在脆性岩石破坏方面的经验，以格里菲斯裂隙理论的抛物线型摩尔包络线来定义裂隙产生时剪应力和正应力之间的关系。霍克和布朗将裂缝产生和裂缝扩展与岩石破坏联系起来，通过反复试验，将各种抛物线曲线拟合到三轴试验数据中，得出了霍克-布朗准则。因此，霍克-布朗准则是经验性的，准则中包含的常数和岩石的任何物理特征之间没有基本联系，且强度与第二主应力 σ_2无关。

最初的完整岩石霍克-布朗破坏准则为

$$\sigma_1=\sigma_3+\sqrt{mC_0\sigma_3+sC_0^2} \tag{2-59}$$

式中 σ_1、σ_3——破坏时的最大主应力和最小主应力（Pa）；

C_0——完整岩石的单轴抗压强度（Pa）；

m、s——无量纲经验常数。

该准则莫尔圆包络线为非线性（图 2-24）在子午面（定义为穿过静水应力

轴并切割破坏包络线的平面）为非线性，在 π 平面（定义为垂直于静水应力轴并切割破坏包络线的平面）为线性。

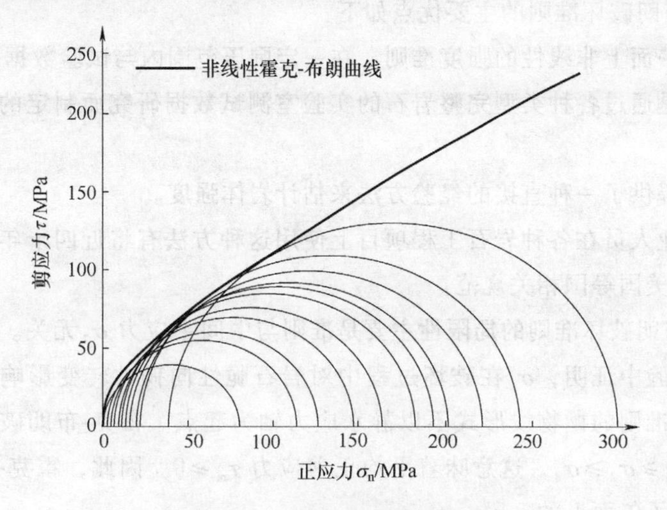

图 2-24　非线性霍克-布朗曲线

作为一种经验准则，为了提高对岩体强度的估计精度，霍克-布朗准则给出了岩体准则公式为

$$\sigma_1' = \sigma_3' + C_0\left(m_b\frac{\sigma_3'}{C_0} + s\right)^a \tag{2-60}$$

式中，m_b为破碎岩石，对原始完整岩石的 m_i 给出了折减的参数。随后准则中引入了地质强度指数（GSI），以及参数 m_b、s 和 a 反映岩体整体结构和不连续面的关系。原方程中的主应力则被有效主应力代替。

2002 年，霍克等人重新研究了 GSI 与 m_b、s 和 a 之间的关系，并引入了一个新的因子 D 来解释近地表爆炸损伤和应力松弛等情况。参数 m_b、s、a 与参数 GSI 和 D 关系为

$$m_b = m_i \exp\left(\frac{\mathrm{GSI}-100}{28-14D}\right) \tag{2-61}$$

$$s = \exp\left(\frac{\mathrm{GSI}-100}{9-3D}\right) \tag{2-62}$$

$$a = \frac{1}{2} + \frac{1}{6}\left(\mathrm{e}^{-\frac{\mathrm{GSI}}{15}} + \mathrm{e}^{-\frac{20}{3}}\right) \tag{2-63}$$

霍克-布朗破坏准则不适用于不连续面影响较大的情况，例如不连续面尺寸较大或在分析岩石边坡稳定时，稳定性更多地取决于单个不连续面的抗剪强度

等情况。当岩体节理较多且岩体强度近似各向同性时，可用霍克-布朗破坏准则进行估算岩体强度。

霍克-布朗破坏准则的主要优点如下：

1）子午面上非线性的强度准则，在一定围压范围内与试验数据一致。

2）它是通过各种类型完整岩石的实验室测试数据研究而制定的，具有广泛的适用性。

3）它提供了一种直接的经验方法来估计岩体强度。

4）从业人员在各种岩石工程项目上使用这种方法有将近四十年的经验，已写入英国、美国等国相关规范。

霍克-布朗破坏准则的局限性主要是准则与中间主应力 σ_2 无关。而在已有的三轴压缩试验中证明，σ_2 在破坏过程中对岩石脆性向韧性转变影响显著。另一个局限性是准则的抛物线形式不以静水应力轴为起点。霍克-布朗破坏准则的前提假设是 $\sigma_1 \geqslant \sigma_2 \geqslant \sigma_3$，这意味着平均正剪应力 $\tau_m \geqslant 0$。因此，霍克-布朗实际上是抛物线在子午面上的一段。

2. 三轴霍克布朗准则

有越来越多的试验表明，中间主应力对岩石的强度有明显的影响。因此在岩石工程应用中，研究者给出了改进的三轴霍克-布朗准则公式。ISRM 建议方法中给出了 Pan-Hudson 准则、Priest 准则及 Zhang-Zhu 提出的 2D 霍克-布朗破坏准则的三轴版本。

霍克-布朗准则的三轴改进公式用参数 m_b，s 和 a 来表示，然而这些公式没有被证明适用于破碎岩体，因此参数 m_b、s 和 a 分别用 m_i、1.0 和 0.5 代替，仅限于完整的岩石的力学分析。

（1）广义 Zhang-Zhu（GZZ）准则　其表达式为

$$sC_0 = C_0^{(1-1/a)}\left(\frac{3\tau_{oct}}{\sqrt{2}}\right)^{1/a} + \frac{3m_b\tau_{oct}}{2\sqrt{2}} - \frac{m_b(3I_1' - \sigma_2')}{2} \tag{2-64}$$

$$\tau_{oct} = \frac{\sqrt{(\sigma_1' - \sigma_2')^2 + (\sigma_2' - \sigma_3')^2 + (\sigma_3' - \sigma_1')^2}}{3} \tag{2-65}$$

$$I_1' = \frac{\sigma_1' + \sigma_2' + \sigma_3'}{3} \tag{2-66}$$

$$\frac{m_b(3I_1' - \sigma_2')}{2} = \frac{m_b(\sigma_3' + \sigma_1')}{2} \tag{2-67}$$

式中　σ_3——破坏时的最小有效主应力；

σ_2——破坏时的中间有效主应力；

σ_1——破坏时的最大有效主应力。

(2) 广义 Pan-Hudson（GPH）准则　Pan-Hudson 准则与 Zhang-Zhu 准则的区别在于公式中没有中间主应力项，广义 Pan-Hudson（GPH）准则的一般形式为

$$sC_0 = C_0^{(1-1/a)}\left(\frac{3\tau_{oct}}{\sqrt{2}}\right)^{1/a} + \frac{3m_b\tau_{oct}}{2\sqrt{2}} - m_b I_1' \tag{2-68}$$

(3) 广义 Priest（GP）准则　Priest（2005）整合了 2D 霍克-布朗准则和 DP 准则，给出了广义 Priest（GP）准则，该准则表达式为

$$C = s + \frac{m_b(\sigma_2' + \sigma_3')}{2C_0} \tag{2-69}$$

$$E = 2C^a C_0 \tag{2-70}$$

$$F = 3 + 2aC^{a-1} m_b \tag{2-71}$$

$$\sigma_{3hb}' = \frac{\sigma_2' + \sigma_3'}{2} + \frac{-E \pm \sqrt{E^2 - F(\sigma_2' - \sigma_3')^2}}{2F} \tag{2-72}$$

式（2-72）中，σ_{3hb}'中有正负两个值。在压应力状态下，σ_{3hb}'为正值，因此建议采用式（2-72）中根式的较大值或正值。GP 准则可表示为

$$P = C_0\left[\left(\frac{m_b\sigma_{3hb}'}{C_0}\right) + s\right]^a \tag{2-73}$$

$$\sigma_1' = 3\sigma_{3hb}' + P - (\sigma_2' + \sigma_3') \tag{2-74}$$

(4) 简化 Priest（GP）准则　2005 年 Priest 提出了一个“简化”的版本，与广义 Priest（GP）准则比较其优点在于提供了一个三维有效破坏应力 σ_1'值简易算法，即

$$\sigma_1' = \sigma_{1hb}' + 2\sigma_{3hb}' - (\sigma_2' + \sigma_3') \tag{2-75}$$

σ_{3hb}'为 2D 霍克-布朗失效时的最小有效应力，σ_{1hb}'为 2D 霍克-布朗失效时的最大有效应力，σ_{1hb}'的计算公式为

$$\sigma_{1hb}' = w\sigma_2' + (1-w)\sigma_3' \tag{2-76}$$

式中　w——0~1 范围取值的权重因子，表征 σ_2'和 σ_3'对岩石强度的相对影响。

对于一般的岩石类型，w 的估算公式为

$$w \approx \alpha\sigma_3'^{\beta} \tag{2-77}$$

式中，α 和 β 可近似为 0.15（即，$\alpha=\beta=0.15$）。

3. 非线性摩尔-库仑破坏准则

摩尔最主要的贡献是认识到材料性质的本身乃是应力的函数，即到极限状态时，滑动平面上的剪应力达到一个取决于正应力与材料性质的最大值，函数关系为

$$|\tau| = f(\sigma) \tag{2-78}$$

式（2-78）在 τ-σ 坐标系中为一条对称于 σ 轴的曲线，即各应力状态下破坏摩尔圆（单轴拉伸、单轴压缩及三轴压缩）的外公切线，称为摩尔强度包络线。摩尔包络线的具体表达式，可根据试验结果用拟合法求得。摩尔-库仑准则是摩尔准则的线性形式特例，而岩石是一种非线性材料，所以摩尔准则具有多种非线性表达形式。以下主要介绍摩尔准则二次抛物线和双曲线型的表达式。

（1）二次抛物线型　岩性较坚硬至较弱的岩石，如泥灰岩、砂岩、泥页岩等岩石的强度包络线近似于二次抛物线，如图 2-25 所示，其表达式为

$$\tau^2 = n(\sigma + \sigma_t) \tag{2-79}$$

式中　σ_t——岩石的抗拉强度（Pa）；

n——待定系数。

$$\left.\begin{aligned} \frac{1}{2}(\sigma_1 + \sigma_3) &= \sigma + \tau\cot 2\alpha \\ \frac{1}{2}(\sigma_1 - \sigma_3) &= \frac{\tau}{\sin 2\alpha} \end{aligned}\right\} \tag{2-80}$$

$$\tau = \sqrt{n(\sigma + \sigma_t)} \tag{2-81}$$

$$\frac{\mathrm{d}\tau}{\mathrm{d}\sigma} = \cot 2\alpha = \frac{n}{2\sqrt{n(\sigma + \sigma_t)}} \tag{2-82}$$

$$\frac{1}{\sin 2\alpha} = \csc 2\alpha = \sqrt{1 + \frac{n}{4(\sigma + \sigma_t)}} \tag{2-83}$$

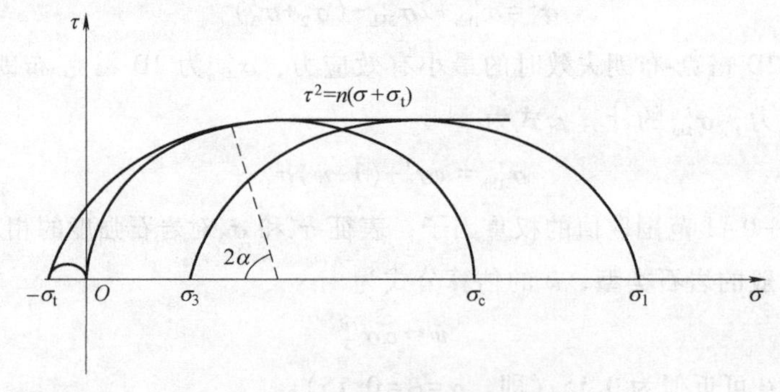

图 2-25　二次抛物线型包络线

将式（2-81）~式（2-83）中有关项代入式（2-80），并消去式中的 σ，得到二次抛物线型包络线的主应力表达式为

$$(\sigma_1-\sigma_3)^2=2n(\sigma_1+\sigma_3)+4n\sigma_t-n^2 \tag{2-84}$$

单轴压缩条件下，有 $\sigma_3=0$，$\sigma_1=\sigma_c$，则式（2-84）可解得

$$n=\sigma_c+2\sigma_t\pm2\sqrt{\sigma_t(\sigma_c+\sigma_t)} \tag{2-85}$$

（2）双曲线型　通过大量试验研究证明，坚硬、较坚硬岩石的强度包络线近似于双曲线，如图 2-26 所示，其表达式为

$$\tau^2=(\sigma+\sigma_t)^2\tan^2\varphi_1+(\sigma+\sigma_t)\sigma_t \tag{2-86}$$

式中　φ_1——包络线渐近线的倾角。

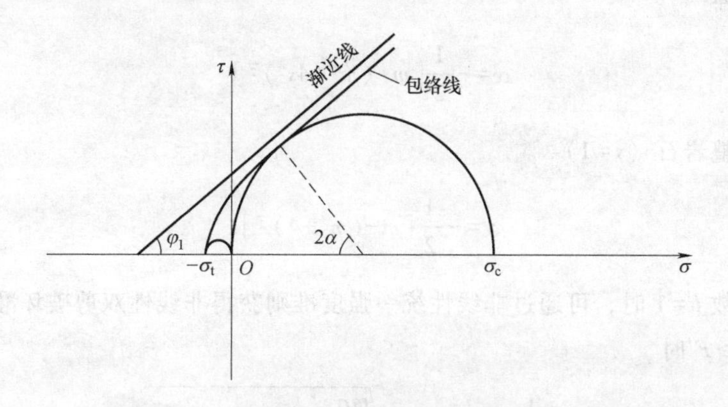

图 2-26　二次双曲线型包络线

摩尔强度理论实质上是一种剪应力强度理论。通常认为，该理论的优点如下：

1）比较全面地反映了岩石的强度特征，它既适用于塑性岩石也适用于脆性岩石的剪切破坏。

2）同时也反映了岩石抗拉强度远小于抗压强度这一特性，并能解释岩石在三向等拉时会破坏，而在三向等压时不会破坏（曲线在受压区不闭合）的特征。

摩尔强度准则的缺点是忽略了中间主应力 σ_2 的影响，与试验结果有一定的出入。而且，该准则只适用于剪破坏，受拉区的适用性还值得进一步探讨，并且不适用于膨胀或蠕变破坏。

4. 非线性统一强度准则

2002 年昝月稳、俞茂宏、王思敬提出了岩石的非线性统一强度准则如下：

当 $F \geqslant F'$ 时

$$F=\left[\sigma_1-\frac{1}{1+b}(b\sigma_2+\sigma_3)\right]^2-\frac{m\sigma_c}{1+b}\times(b\sigma_2+\sigma_3)-s\sigma_c^2=0 \tag{2-87}$$

当 $F<F'$ 时

$$F'=\left[\frac{1}{1+b}(\sigma_1+b\sigma_2)-\sigma_3\right]^2-m\sigma_c\sigma_3-s\sigma_c^2=0 \tag{2-88}$$

式中　σ_c——完整岩石材料的单轴抗压强度；

m、s——与霍克-布朗准则中相同的材料参数。

单轴抗拉强度与单轴抗压强度之比 α 如下：

对岩体

$$\alpha=-\frac{1}{2}[m-(m^2+4s^2)^{\frac{1}{2}}] \tag{2-89}$$

对完整岩石（$s=1$）

$$\alpha=-\frac{1}{2}[m-(m^2+4)^{\frac{1}{2}}] \tag{2-90}$$

当参数 $b=1$ 时，可通过非线性统一强度准则获得非线性双剪破坏准则：

当 $F \geqslant F'$ 时

$$F=\sigma_1-\frac{1}{2}(\sigma_2+\sigma_3)-\sqrt{\frac{m\sigma_c}{2}\times(\sigma_2+\sigma_3)+s\sigma_c^2}=0 \tag{2-91}$$

当 $F<F'$ 时

$$F'=\frac{1}{2}(\sigma_1+\sigma_2)-\sigma_3-\sqrt{m\sigma_c\sigma_3+s\sigma_c^2}=0 \tag{2-92}$$

非线性统一强度准则也可改写为广义霍克-布朗准则形式，即

当 $F \geqslant F'$ 时

$$F=\sigma_1-\frac{1}{1+b}(b\sigma_2+\sigma_3)-\sigma_c\left[\frac{m\sigma_c}{(1+b)\sigma_c}(b\sigma_2+\sigma_3)+S\right]^n=0 \tag{2-93}$$

当 $F<F'$ 时

$$F'=\frac{1}{1+b}(\sigma_1+b\sigma_2)-\sigma_3-\sigma_3\left[\frac{m}{\sigma_c}\sigma_3+s\right]^n=0 \tag{2-94}$$

5. PMC 与 BPMC 模型

ISRM（国际岩石力学学会）强度理论的建议方法中提到：“岩石的应力-应变呈现非线性特征，但在某一应力区间内可以认为是线性的”。因此可以使用分

段线性的方法对非线性特性进行描述。

在摩尔-库仑模型基础上，Paul（1968）提出了考虑中间主应力影响的线性强度公式，即

$$A\sigma_{\mathrm{I}}+B\sigma_{\mathrm{II}}+C\sigma_{\mathrm{III}}=1 \tag{2-95}$$

式中，A、B、C 为待定参数。

Meyer 和 Labuz（2013）把它命名为 Paul-Mohr-Coulomb（PMC）强度准则，并提出了改进型 12 边形 PMC 准则。PMC 准则是一个包含三个主应力的多轴线性破坏准则，包括三个材料参数：①ϕ_c——压缩时的内摩擦角；②ϕ_e——伸长时的内摩擦角；③V_0——三轴等拉强度的理论值。

用两个内摩擦角和顶点 V_0 表示，式（2-95）可以写为

$$\frac{\sigma_{\mathrm{I}}}{V_0}\left[\frac{1-\sin\phi_c}{2\sin\phi_c}\right]+\frac{\sigma_{\mathrm{II}}}{V_0}\left[\frac{\sin\phi_c-\sin\phi_e}{2\sin\phi_c\sin\phi_e}\right]-\frac{\sigma_{\mathrm{III}}}{V_0}\left[\frac{1+\sin\phi_e}{2\sin\phi_e}\right]=1 \tag{2-96}$$

其中，材料参数可以通过岩石常规三轴压缩和三轴伸长试验得到。如图 2-27 所示，PMC 准则主应力空间中的六面锥体强度面，如图 2-28 所示。

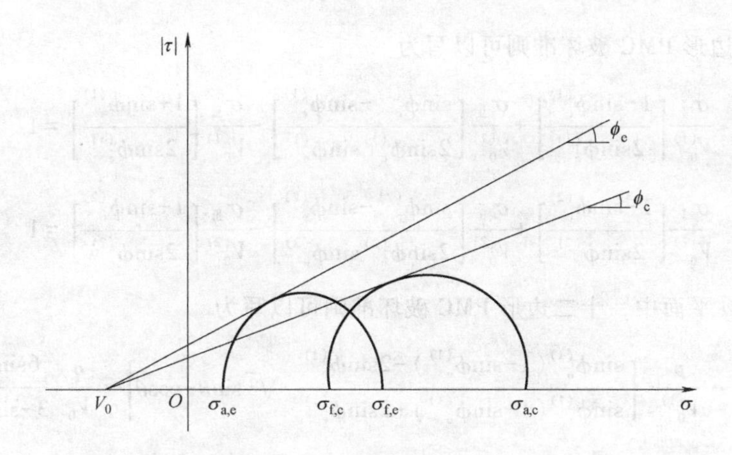

图 2-27　有两个内摩擦角和一个顶点的轴对称加载线性破坏包络线的 Mohr 图

三个材料参数的 PMC 破坏准则为线性破坏准则，但是岩土材料具有非线性特征。12 边形 PMC 破坏准则以分段线性的方式，通过对两个 PMC 准则包络面进行组合形成一个非线性的破坏面，从而得到 6 个材料参数包含第一个 PMC 准则的材料参数 $\phi_c^{(1)}$，$\phi_e^{(1)}$，$V_0^{(1)}$ 和第二个 PMC 准则的材料参数 $\phi_c^{(2)}$，$\phi_e^{(2)}$，$V_0^{(2)}$。

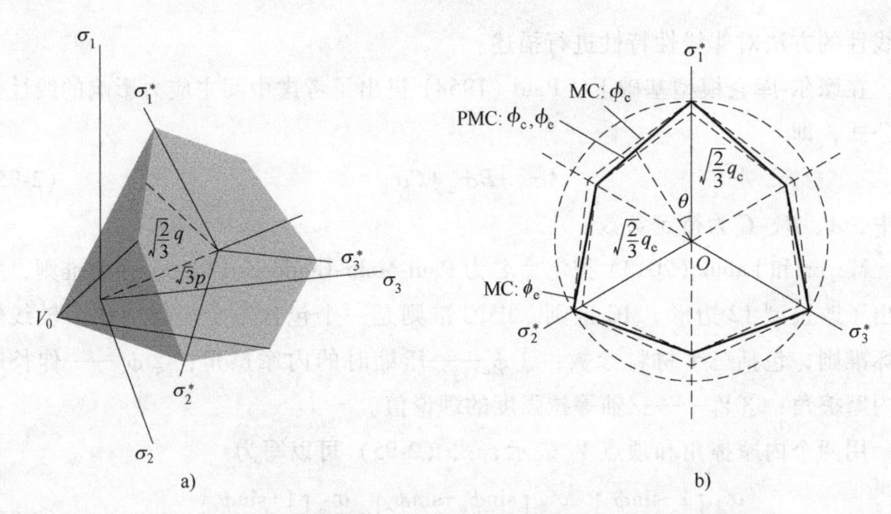

图 2-28　锥体破坏表面（虚线代表圆锥的破坏表面）示意图

a）主应力空间中 PMC 准则包络面　b）π 平面上 PMC 准则与 MC 准则对比

注：p 为平均应力；q 为广义剪应力；q_c 为三轴压缩应力条件下的 q 值；

q_e 为三轴伸长应力条件下的 q 值；θ 为洛德角。

十二边形 PMC 破坏准则可以写为

$$\frac{\sigma_{\mathrm{I}}}{V_0^{(1)}}\left[\frac{1-\sin\phi_c^{(1)}}{2\sin\phi_c^{(1)}}\right]+\frac{\sigma_{\mathrm{II}}}{V_0^{(1)}}\left[\frac{\sin\phi_c^{(1)}-\sin\phi_e^{(1)}}{2\sin\phi_c^{(1)}\sin\phi_e^{(1)}}\right]-\frac{\sigma_{\mathrm{III}}}{V_0^{(1)}}\left[\frac{1+\sin\phi_e^{(1)}}{2\sin\phi_e^{(1)}}\right]=1 \tag{2-97}$$

$$\frac{\sigma_{\mathrm{I}}}{V_0^{(2)}}\left[\frac{1-\sin\phi_c^{(2)}}{2\sin\phi_c^{(2)}}\right]+\frac{\sigma_{\mathrm{II}}}{V_0^{(2)}}\left[\frac{\sin\phi_c^{(2)}-\sin\phi_e^{(2)}}{2\sin\phi_c^{(2)}\sin\phi_e^{(2)}}\right]-\frac{\sigma_{\mathrm{III}}}{V_0^{(2)}}\left[\frac{1+\sin\phi_e^{(2)}}{2\sin\phi_e^{(2)}}\right]=1 \tag{2-98}$$

在 p-q 平面中，十二边形 PMC 破坏准则可以写为

$$\frac{6\sin\phi_c^{(1)}}{3-\sin\phi_c^{(1)}}\cdot\frac{p}{V_0^{(1)}}+\left[\frac{\sin\phi_e^{(1)}(1-\sin\phi_c^{(1)})-2\sin\phi_c^{(1)}}{\sin\phi_e^{(1)}(1-\sin\phi_c^{(1)})+2\sin\phi_e^{(1)}}\cdot\sqrt{3}\sin\theta-\cos\theta\right]\cdot\frac{q}{V_0}+\frac{6\sin\phi_c^{(1)}}{3-\sin\phi_c^{(1)}}=0 \tag{2-99}$$

$$\frac{6\sin\phi_c^{(2)}}{3-\sin\phi_c^{(2)}}\cdot\frac{p}{V_0^{(2)}}+\left[\frac{\sin\phi_e^{(2)}(1-\sin\phi_c^{(2)})-2\sin\phi_c^{(2)}}{\sin\phi_e^{(2)}(1-\sin\phi_c^{(2)})+2\sin\phi_e^{(2)}}\cdot\sqrt{3}\sin\theta-\cos\theta\right]\cdot\frac{q}{V_0}+\frac{6\sin\phi_c^{(2)}}{3-\sin\phi_c^{(2)}}=0 \tag{2-100}$$

如图 2-29 所示，应力水平较低时强度由第二 PMC 准则控制（P_2 线），应力水平较高时由第一 PMC 准则控制（P_1 线）。若两个准则确定的六棱锥交点位于同一平面，如图 2-29b 和 c 所示，则应力空间上强度包络线随着应力水平的增长出现从一个六边形向另一个六边形过渡的特征。

当图 2-29 所示的 P_1 和 P_2 交点不处于同一应力水平时，过渡段在 π 平面上会呈现从一个六边形过渡为十二边形后再过渡为另一个六边形的规律，其变化过程在 PMC & BPMC 讲述部分介绍。十二边形 PMC 准则同时考虑低应力拉伸破坏和高应力下的剪切破坏机制。高压力会引起多孔岩石的孔隙坍塌，而形成一个“帽子”屈服面。

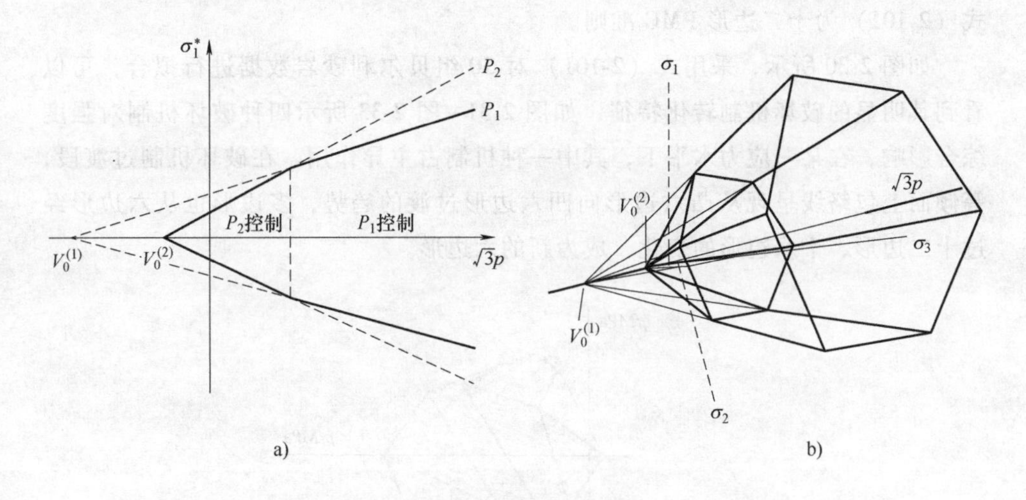

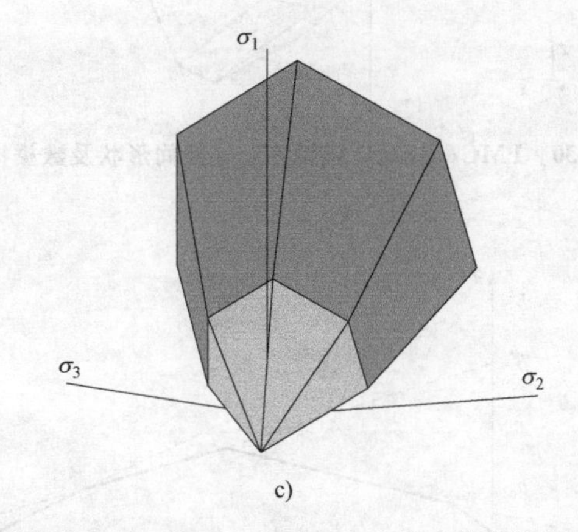

图 2-29　六个材料参数的 PMC 模型六边形到六边形过渡的锥体破坏表面的示意图

a）$\sqrt{3}p$，σ_1^* 平面　b）主应力空间，透明视图　c）主应力空间，不透明视图

如果 PMC 准则可以用于孔隙坍塌分析，那么可以把压屈服包络线边认为是分段线性的，考虑多孔岩石的压屈服线应该是曲线，所以王茜（2018）、孟浩（2019）采用分段线性的形式，基于 PMC 准则表示方法，提出了高应力下表征压剪屈服的 PMC&BPMC 准则模型的公式为

$$f=\min\left[\sigma_1\left(\frac{1-\sin\phi_{c,i}}{2\sin\phi_{c,i}}\right)+\sigma_2\left(\frac{\sin\phi_{c,i}-\sin\phi_{e,i}}{2\sin\phi_{c,i}\sin\phi_{e,i}}\right)-\sigma_3\left(\frac{1+\sin\phi_{e,i}}{2\sin\phi_{e,i}}\right)+V_{0,i}\right]\quad (i=1,2,3,4) \tag{2-101}$$

式中，i 为破坏机制编号，数字 1 至 4 分别表示拉破坏、拉剪破坏、压剪破坏和屈服机制。当 $i=1$ 时式（2-101）回归为最初的 PMC 准则；当 $i=1$ 和 2 时式（2-101）为十二边形 PMC 准则。

如图 2-30 所示，采用式（2-101）对 30 组贝尔利砂岩数据进行拟合，可以看到其明显的破坏机制转化特征，如图 2-31～图 2-33 所示四种破坏机制对强度综合影响，在某一应力水平下，其中一种机制占主导作用。在破坏机制过渡段，等倾面上包络线呈现从凸六边形向凹六边形过渡的趋势，多边形也从六边形经过十二边形、十八边形的变化，成为新的六边形。

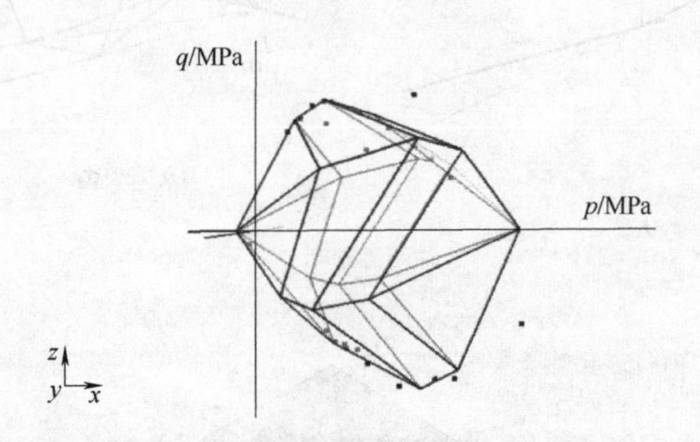

图 2-30　PMC&BPMC 模型在 p-q 空间形状及数据拟合图

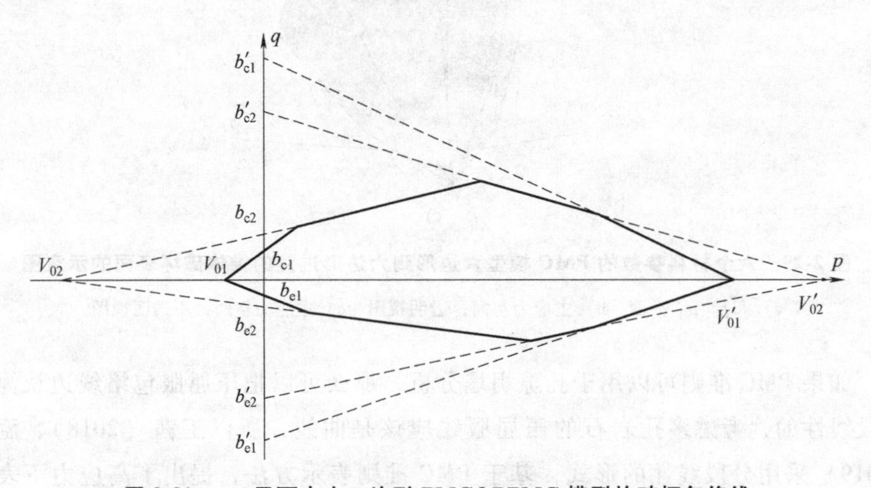

图 2-31　p-q 平面中十二边形 PMC&BPMC 模型的破坏包络线

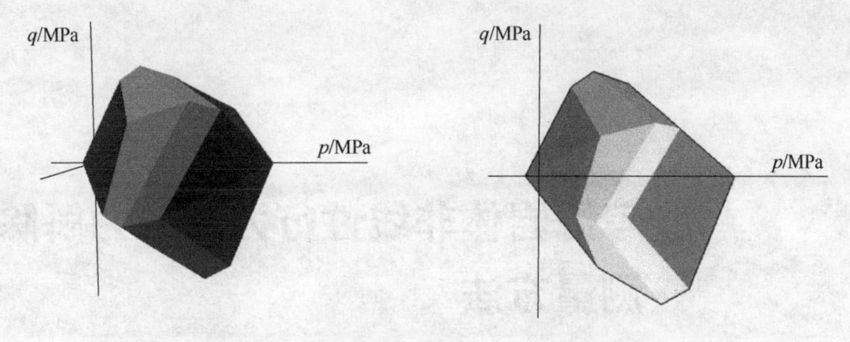

图 2-32　空间拟合屈服面和 p-q 平面的截面

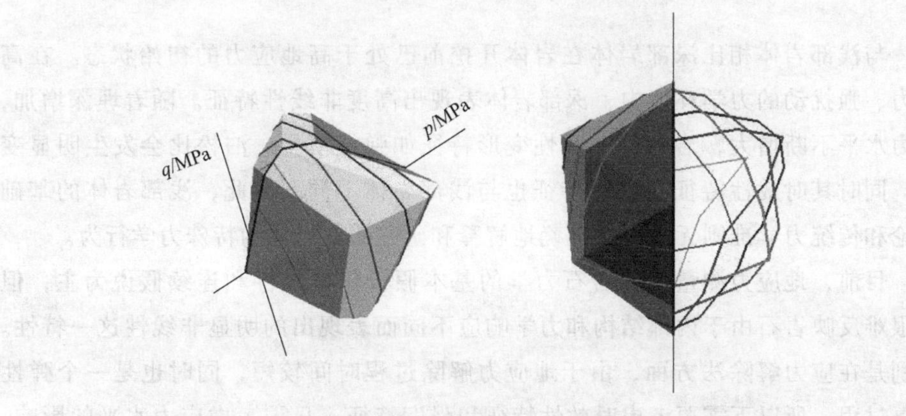

图 2-33　不同平均压力下 PMC&BPMC 模型的 π 平面强度线

第3章 考虑岩体非线性行为的应力解除测量方法

与浅部岩体相比深部岩体在岩体开挖前已处于高地应力的初始状态。在高应力、强扰动的力学环境中，深部岩体表现出高度非线性特征。随着埋深增加，应力水平不断增大，岩石的非线性变形特征如弹性模量、泊松比会发生明显变化，同时其时效性特征与强度特征也与浅部岩体不同。因此，浅部岩体的基础理论和传统力学准则无法科学准确地解释和研究深部岩体的特殊力学行为。

目前，地应力测量中的岩石力学的基本假设仍以线性和连续假说为主，但其很难反映岩石由于内部结构和力学响应不同而表现出的明显非线性这一特性。特别是在应力解除法方面，由于地应力解除过程时间较短，同时也是一个弹性恢复过程，所以不需要考虑时效性特征和强度特征，只需考虑应力水平的影响。利用应力解除过程中测得的孔径变形、孔壁应变或孔底应变计算地应力时，均需知道岩石的弹性模量和泊松比。岩石弹性模量和泊松比是否准确，对计算结果的准确性具有决定性作用。

岩体作为一种随机介质，其结构极其复杂且千变万化。从岩体中的一点到另一点，其结构和性质往往差异较大。为了保证应力计算结果的准确性，计算中所采用的弹性模量和泊松比必须是对应于应变片部位岩石的弹性模量和泊松比值。通过套孔岩芯围压试验计算出来的弹性模量、泊松比值可以保证这一点。

在某些试验中，由于应力解除过程中套孔岩芯破裂而不能用于进行围压试验。在此情况下，也可用传统单轴压缩试验的方式测定岩石弹性模量和泊松比。为了保证测出的是应变片所在部位岩石的弹性模量和泊松比，应从套孔钻中心安装的小孔中取出岩芯，并截取试样，如试样为小孔岩芯的中间一段，则正好对应应变片所在位置。

无论是围压试验还是单轴试验，在应力水平达到一定程度时，其结果均具有明显非线性，如图 3-1 所示为试验中所用水泥块和砂岩单轴压缩试验的结果。

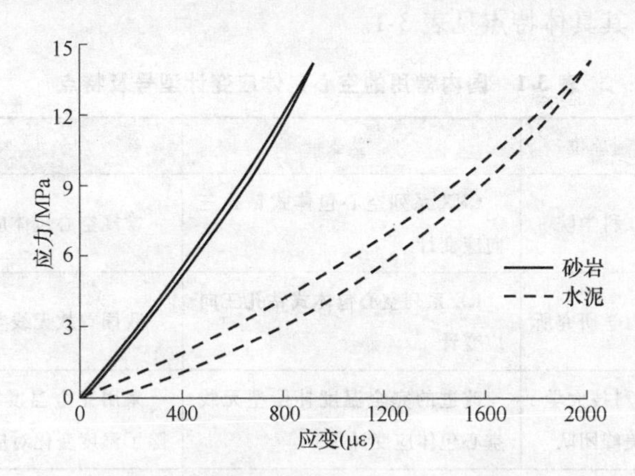

图 3-1　单轴压缩试验应力-应变曲线

对于非线性材料，其弹性模量值不是一个常数，而是随应力水平不同而变化的。一般来说，高应力水平下的弹性模量值要高于低应力水平下的弹性模量值，为了保证应力测量结果的准确性，必须使用和解除时应力水平相一致的模量值。采用空心包体应变值求地应力时，不仅要知道岩石的弹性模量、泊松比，还要知道应变修正系数值。而岩石弹性模量值和应变修正系数之间也是相互依赖的关系，须用双迭代法求解。

3.1　空心包体地应力测量设备

针对岩石在不同应力水平下表现的非线性力学行为，很多学者提出了非线性变形模型，将弹性模量和泊松比对深度的依赖性进行了说明但应变和深度关系不适用于应力状态的计算。因此需要普遍适用的非线性弹性模型，以应用于空心包体应变计测量地应力方法的计算中。与线弹性分析结果相比，非线性模型更适用于双轴高压加载试验数据的处理。同时当前的很多地应力率定设备无法满足深部非线性岩石测量要求，需要改进研发新型装置。

3.1.1　基于双温度补偿技术的改进型无线式空心包体应变计

空心包体应变计法（CSIRO）地应力测量是 ISRM 建议的四种直接测量方法之一，在世界范围内得到了广泛应用。目前我国常用的空心包体应变计都是以澳大利亚联邦科学和工业研究组织（CSIRO）在 20 世纪 70 年代发明的 CSIRO

型三轴空心包体应变计为蓝本进行改进和创新得到的。国内广泛使用的测量产品主要有四种，其具体特点见表 3-1。

表 3-1 国内常用的空心包体应变计型号及特点

国家	研制单位	型号	特点
中国	长江科学院	CKX 系列空心包体式钻孔三向应变计	常规空心包体应变计
中国	地质力学研究所	KX 系列空心包体式钻孔三向应变计	我国首款无线空心包体应变计
中国	北京科技大学蔡美峰团队	改进的完全温度补偿型无线空心包体应变计	采用完全温度补偿技术，基本消除了温度变化对应力测量的影响
澳大利亚	ES&S 公司	CSIRO HID Cell 空心包体应力计	世界首款首字化空心包体

传统空心包体应变计多是在 5~20m 深的钻孔内进行安装、测量，并采用长导线（约 20m）引出测量信号，在孔外的巷道或空旷环境中采用静态应变仪进行数据采集，以钻进距离作为采集间隔。常规的空心包体应变计结构，如图 1-4 所示，其传统结构在测量和监测时存在如下缺点：

1）定向销钉位于尾部，安装时前部长度过长，无法保持水平一致，经常在小孔安装时出现销钉提前剪断，导致安装失败。

2）测量时采用长导线引出，导线在引出时占用钻机冷却水通道，同时受钻杆钻进过程中摩擦扭矩的影响，测量导线容易被绞断，使数据传输失效。

3）补偿片位置距测量应变片位置较远，测量时所处温度环境会有差异，不能准确对温度变化引起的测量误差进行补偿。

4）采集导线较长，电阻较大，且测量中整个电路受温度变化的影响将产生一定的测量误差。

5）采集仪体积较大，工作时需要较大的空间，断电后需要重新调平，数据无法接续。采集设备和传感器距离较远，模拟信号经长导线传输会产生信号衰减和温度漂移等不良效应。

针对常规空心包体应变计存在的问题，蔡美峰团队成员李远、乔兰等根据完全温度补偿原理设计发明了改进型无线空心包体应变计（基于完全温度补偿技术的原位数字化型三维孔壁应变计，ZL201610456789.0)，仪器的主要特点如下：

1）注胶式包体应变计骨架采用高强度无磁性铝合金材料，仪器具有良好的防水、散热和减振性能。

2）采集仪共有连续工作、定时工作和待机工作三种工作方式，使用时可以针对地应力采集或者应力监测时的不同需求自定义工作方式。

3）各通道按顺序滚动采集。

4）断电后，仪器休眠，重新通电后继续按断电前指令运行，采集数据接续。

5）采集间隔 1~240min 可调，定时启动模式采集等待时间 1~7200min 可调。

6）根据记录号，随时提取存储数据，随时查看当前运行参数指令。

7）数据传输有二进制格式传输和 ASCII 码格式两种无线传输模式。

8）分辨度、量程均适用于电阻应变片电阻值。

9）蓄电池容量 6800mAh（长期监测系统中蓄电池容量不受限制）：采集仪工作电流为 0.02mA，连续工作时间大于 30 天，待机时间大于 3 个月。

10）浮充模式充电系统：采集仪器可一边工作一边充电，在无法供电的区域，可完全使用蓄电池供电，定期给蓄电池充电即可。

传统空心包体应变计结构主要分为五个部分：

1）导向头：作为整个探头的安装导向和注胶装置，导向头进入小孔后，在推力作用下向后挤压储胶腔，胶体通过导向头的中空通道从出胶孔流出，前部橡胶圈起隔断作用。

2）储胶腔：储存环氧树脂胶。

3）空心胶筒：胶筒中心环向布置着 3 组 12 片应变片，整个胶筒和主骨架有 2mm 的孔隙。

4）尾部结构：主要由定向销钉和补偿室构成。

5）电缆：连接各应变片和各测量导线，从尾部引出后与孔外的应变采集仪连接。

新型原位数字化空心包体应变计主要从应变计结构、胶体性能参数、电路及温度补偿等各个环节进行改善，减少每个环节的测量误差，提高地应力测量的准确性。其改进主要体现在以下几方面。

1. 应变计骨架结构尺寸优化

传统空心包体应变计骨架多由尼龙材料制成，作为热塑性树脂，尼龙的耐磨性和抗静电性都是较理想的空心包体应变计骨架材料，其成本也较低。在早期的空心包体应变计制作中获得了较广泛应用。

随着地应力测量工作在各种工程作业环境和复杂地质条件下的开展和实施，尼龙材料出现以下缺点：

1）吸水性。在饱和水达到3%以上时，一定程度上会影响探头尺寸稳定性，特别是薄壁件增厚现象，在地下潮湿环境中会给测量带来不可避免的误差。

2）不耐高温。在高温下会在空气中发生氧化反应，导致碎裂破坏，长期稳定性差。

3）强度较低。随着地下工程向深部发展，在复杂构造区域，尼龙材料制作的探头在高地压作用下往往发生变形和破坏，无法精确进行地应力测量；因此，高地压条件下的应力测量对空心包体应变计自身的强度有了更高的要求。

在考虑传统空心包体应变计骨架结构优缺点的基础上，结合应力测量的稳定性和便携安装的需要，对应变计骨架结构进行优化设计。采用高强度无磁性铝合金材料制作应变计骨架，经过先后三次改进，形成第三代新型高强度无磁性铝合金应变计骨架。新型骨架主要由导向头、储胶仓、插拔式连接头、仪器舱、尼龙后盖五部分组成。传统 CSIRO 应变计尼龙材料骨架与新型高强度无磁性铝合金应变计骨架的对比，如图 3-2 所示。

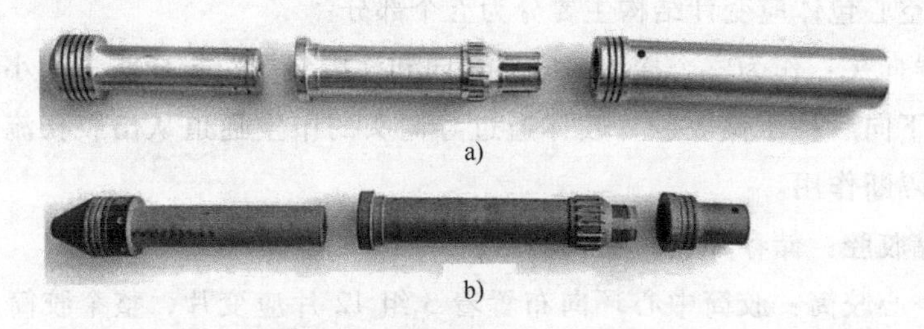

a)

b)

图 3-2　两种应变计骨架的对比

a）高强度无磁性铝合金骨架　b）传统尼龙材料骨架

新型应变计骨架特点如下：

1）高强度无磁性铝合金材料整体强度较传统树脂材料大幅提高，在各种复杂地质条件下均能保持较好的稳定性。

2）铝合金材料耐腐蚀、耐磨性好，在长期监测和短期测量中均适用，且其重量较轻。

3）无磁性材料的应用，使得应变计骨架尾部仪器仓在保护采集仪器时不会对精密电子元器件的工作造成干扰。

4）应变计的整体尺寸得到了优化设计，直径由 36mm 增加到 40mm，采用 42mm 钻头进行打孔，骨架结构储胶仓的储胶量能满足直径 45.6mm 小孔的安装。

5）导向头部分进行了扁圆化设计，更加易于安装时的推进，且减小了骨架结构的整体长度。

6）在应变片粘贴的胶筒位置，台阶高度有了提升，防止高地应力作用下因胶筒变形后与骨架贴合使胶筒变为实心。

7）采集仪直接可以安装在骨架尾部的仪器仓内，应变片导线通过中空的插拔式连接头与采集仪相连。

8）骨架结构整体长度 42cm，在增加采集仪、蓄电池组、开关的情况下仅比传统应变计长了 10cm，且其尾部仪器仓在小孔安装时可嵌入外包式安装杆内，便于稳定安装。

2. 环氧树脂胶体性能分析

空心包体应变计中的测量应变片密封在胶筒中，胶筒和骨架结构间有空隙，即通常所说的空心。安装时，需要用胶把探头和小孔孔壁紧紧粘接在一起，如图 3-3 所示。由于应变片不是直接贴在岩石孔壁上，其和岩壁间有 1mm 左右厚的胶体。这层胶体对地应力的测量计算精度有较大影响，因此需要对胶体的参数和性能有准确的认知和选择，以达到精确测量的目的。

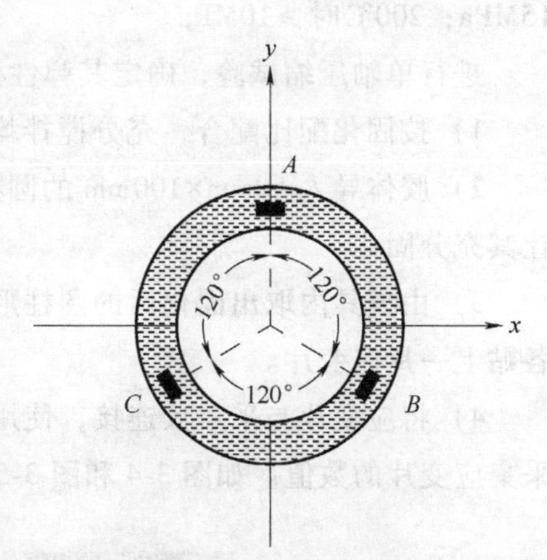

图 3-3 内含应变片的空心包体圆筒示意图

为了减少计算误差，包裹应变片的胶体和粘结探头与岩壁的胶体使用同一种胶。考虑到空心包体应变计的测量特点，对胶体以下要求：

1）适中的固化后抗压强度，不会在受压后变形过大（例如，受到较大围压时变形贴合骨架，不再是空心包体）。

2）常温下固化，固化时间适中，24h 左右。

3）胶体配合后的黏度适中，有较好的流动性，便于安装时充满探头和岩壁间的空隙。

4）一定的抗拉强度、抗剪强度，邵氏硬度 80 左右，耐腐蚀性好。

综上，经过多组对比筛选，选用胶体为液体型双组份硬性胶，无色、透明。耐高温、耐强酸、耐强碱、高黏度、适用期长；固化后填充性好，收缩小、硬度高、强度高；优良的电绝缘性能及抗化学溶剂特性。具体参数如下：

1）硬度（Shore D）≥85；吸水率（25℃、24h）< 0.15%。

2）抗压强度（kg/mm^2）≥50；剪切强度（kg/mm^2）≥25；拉伸强度（kg/mm^2）≥25。

3）介电常数（1kHz）3.8~4.2；体积电阻（25℃，Ω·cm）≥1.35×1015；表面电阻（25℃，Ω·cm）≥1.2×1014；耐电压（25℃，kV/mm）≥16~18。

4）黏度：A 为 150Pa·s，B 为 0.5Pa·s。

5）固化温度与时间：120℃时 40min；80℃时 90min；常温（25℃）下 24h 完全固化。

6）温度与强度的关系：常温 25℃时≥25MPa；100℃时≥20MPa；150℃时≥15MPa；200℃时≥10MPa。

进行单轴压缩试验，确定其弹性模量和泊松比，试验方案如下：

1）按固化配比配合，充分搅拌均匀，释放出气泡。

2）胶体导入 50mm×100mm 的圆柱形模具内，在 20℃的恒温箱内静置 24h，让其充分固化。

3）由模具内取出固化后的圆柱形胶体试件，在试件中心线上沿轴向和径向各贴上一片应变片。

4）将应变片与采集仪连接，使用压力机对试件进行单轴压缩试验，试验时采集应变片的数值。如图 3-4 和图 3-5 所示。

图 3-4　环氧树脂试样

弹性模量、泊松比计算公式为

$$E=\frac{\sigma_{c(50)}}{\varepsilon_{h(50)}} \tag{3-1}$$

$$\nu=\left|\frac{\varepsilon_{d(50)}}{\varepsilon_{h(50)}}\right| \tag{3-2}$$

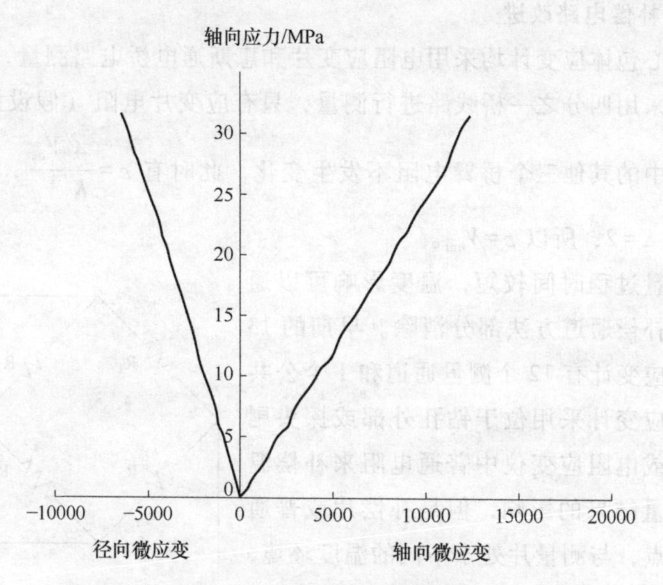

图 3-5　环氧树脂胶体单轴压缩试验应力应变曲线

式中　E——试件弹性模量；

ν——泊松比；

$\sigma_{c(50)}$——试件单轴抗压强度的 50%；

$\varepsilon_{d(50)}$——$\sigma_{c(50)}$处对应的轴向压缩应变；

$\varepsilon_{h(50)}$——$\sigma_{c(50)}$处对应的径向拉伸应变。

试验数据计算结果见表 3-2。

表 3-2　环氧树脂试样单轴压缩试验结果

试样编号	弹性模量 E/GPa	泊松比 ν
试样 1	2. 981	0. 292
试样 2	3. 044	0. 289
试样 3	3. 023	0. 294
试样 4	2. 957	0. 284
平均	3. 001	0. 290

试验结果表明：该类环氧树脂胶常温固化后弹性模量 $E=3\text{GPa}$，泊松比 $\nu=0.29$。其特性满足空心包体应变计法地应力测量和长期监测要求。

3. 温度补偿电路改进

目前空心包体应变计均采用电阻应变片和惠斯通电桥电路测量，如图 3-6 所示。由于其采用四分之一桥线路进行测量，只有应变片电阻（假设为 R_1）发生变化，电桥中的其他三个桥臂电阻不发生变化，此时有 $\varepsilon=\frac{4}{K}\frac{V_{out}}{V_{in}}$，实际使用中使 $V_{in}=2V$，$K=2$，所以 $\varepsilon=V_{out}$。

由于测量过程时间较短，温度影响可以通过设置温度补偿通道方法部分消除。早期的 13 线空心包体应变计有 12 个测量通道和 1 个公共线通道，该应变计采用位于钻孔外部或探头尾部的补偿片或电阻应变仪中普通电阻来补偿温度变化对测量结果的影响，但是补偿片或普通电阻远离测点，与测量片处于不同的温度环境，补偿结果误差较大。同时，13 线接线方式中，测量片和采集仪之间引线电阻变化会引起测量回路中压降和电流变化。

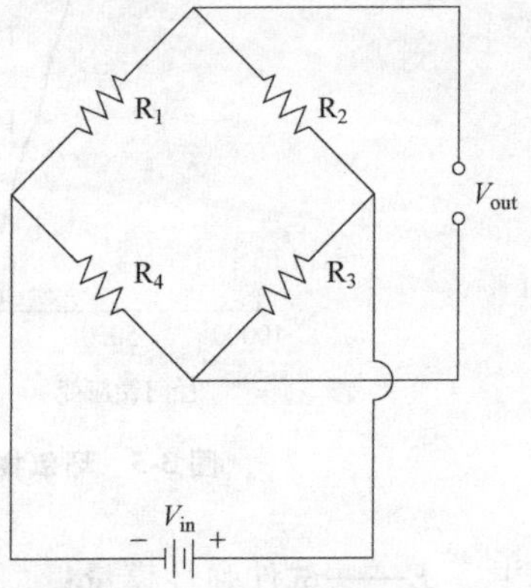

图 3-6　惠斯通电桥电路

蔡美峰院士发明了 15 线接法的空心包体应变计，将两根相同长度、相同类型的导线分别接入工作应变片所占桥臂和相邻桥臂，消除了导线电阻误差，同时考虑到了温度对测量精度的影响。常规 120Ω 电阻应变片的温度系数为 100×10^{-6}/℃，测量中由温度变化引起的应变可达 50/℃。传统补偿方法的补偿片位于探头尾部，其感受温度与应变片并不一致。为了解决这个问题，蔡美峰院士发明了完全温度补偿技术（1991），设计了新的电桥电路，如图 3-7 所示。在靠近电阻应变片的位置布置温敏电阻，记录温度变化，进行精确补偿；同时还考虑了电阻应变计导线引起的附加温度应变，提高了常规空心包体应变计的测量精度。

经过不断的研发和改进，目前原位数字化探头采用的是北京科技大学地应力测量课题组研发的第五代电路产品，如图 1-5 所示。电路采用 ADuC847 微处理器芯片，5V 蓄电池供电，以稳压芯片代替传统的稳压模块，多路模拟开关分别控制各通道开合；瞬时采集技术的引入，避免了采集系统发热和电流变化引起采集误差。采集电路留有 16 个输入通道，其中 1～12 通道为应变信号通道，13、14 通道为双温度补偿通道，15、16 通道为电路内漂移补偿通道。采用恒温试验箱进行电路板温度稳定性试验，试验结果显示采集仪 48h 温漂最大为 2。采用标准应变发生器进行采集电路精度测试，结果显示采集精度为0.01微应变。采用标准应变发生器进行断电续采功能测试，即断电2min后再次采集（温度无变化），数据断电前后误差小于1‰。

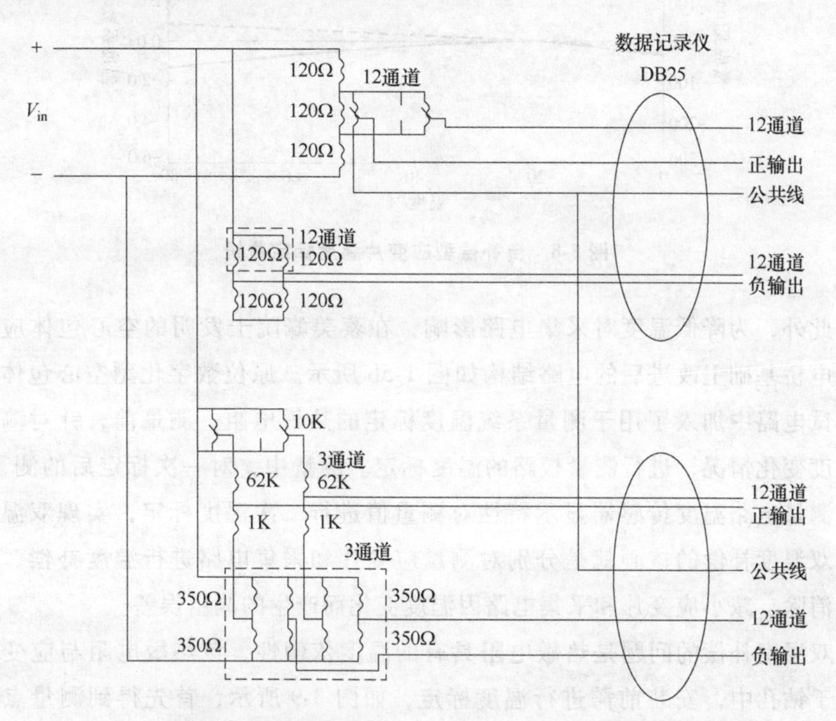

图3-7　完全温度补偿测量技术中的专用电桥电路（蔡美峰，1991）

但在原位数字化技术中，采集系统与测量系统同时位于测量孔内，受测量过程中孔内温度剧烈变化的影响（深部地层中，冷却水与地温相差较大，如玲珑金矿1000m埋深处地应力测量中地温与冷却水温度相差约30℃，平煤八矿地应力测量中温度相差约15℃），采集电路电子器件温度漂移影响不可忽略（军工级电子器件温度系数仍有5×10^{-6}/℃）。因此，为提高测量精度需在原温度补偿基础上，采用采集电路的温度影响修正技术，利用双温度补偿以实现数字化无线探头的完全温度补偿测量。

实现完全温度补偿，首先需降低应变片的温度敏感性，原位数字化型空心包体应变计采用高精度温度自补偿式应变片，其温度标定曲线如图3-8所示。由试验结果可知，在20~25℃内其温度影响可忽略不计，0~20℃时为1.33μm/(m·℃)，20~40℃时为0.28μm/(m·℃)，40~60℃时为1.20μm/(m·℃)，60~80℃时为1.60μm/(m·℃)。

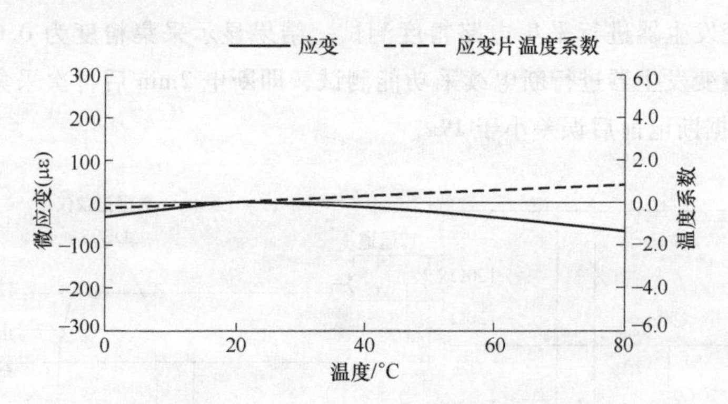

图 3-8　自补偿型应变片温度标定曲线

此外，为降低温度对采集电路影响，在蔡美峰院士发明的空心包体应变计专用电桥基础上改进后的电路结构如图 1-5b 所示。原位数字化型空心包体应变计测试电路中加入了用于测量系统温度标定的热敏电阻。测量前，针对测试环境温度变化情况，进行测量板路的温度标定。测量中，对一次标定后的测量值，配合测量电路温度传感器显示特性对测量值进行二次温度标定，实现双温度补偿。双温度补偿的核心就是分别对测量应变片和采集电路进行温度补偿，尽可能地消除、减小应变片和采集电路因温度变化而产生的测量误差。

双温度补偿的问题是热敏电阻具有的温度依赖性，该热敏电阻与应变计一起位于钻孔中，安装前需进行温度标定，如图 3-9 所示，首先得到测量点的温度，并设计模拟现场条件的试验温度，例如，现场温度约为 45℃，则进行 30~60℃的试验。试验期间，目标温度持续几个小时（达到平衡前）。对热敏电阻通道数值与温度之间的关系进行拟合，结果显示出较高的相关性（图 3-10 和表 3-3）。

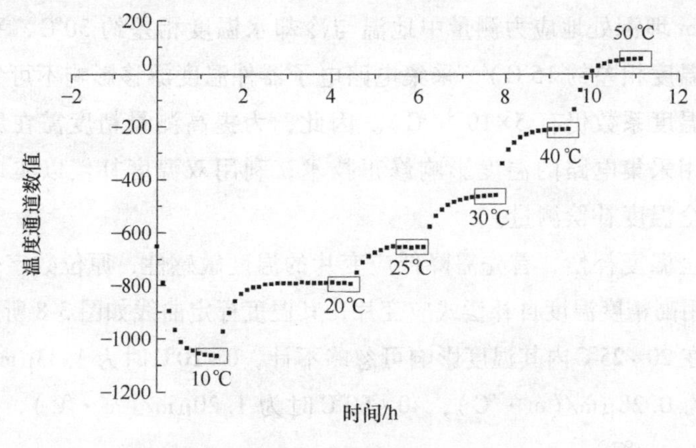

图 3-9　温度通道曲线

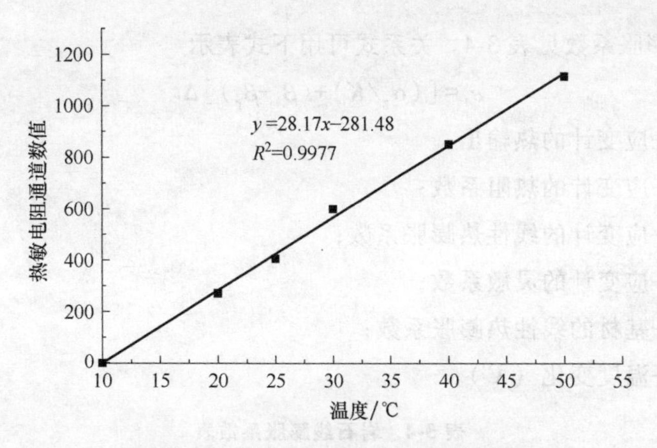

图 3-10　温度与热敏通道数据的拟合

表 3-3　温度与热敏通道数据的关系

温度/℃	四个热敏通道的平均值	四个热敏通道的变化值
0	−1060.64	0
20	−789.92	270.72
25	−654.65	405.99
30	−461.34	599.30
40	−210.21	850.43
50	53.81	1114.45

常规地应力的采集系统是在接近恒温条件下（在隧道内和离钻孔几米远的地方）进行操作。新型应变计采集板卡随探头安装在小钻孔内。由于钻孔解除过程中冷却水不断冲刷，大孔内温度不稳定，因此需要测量时减少钻孔中的温度扰动。在应力解除开始前，应至少持续冲洗 30min，使应变计周围温度达到相对稳定状态。在钻孔取芯完成后，采用相同的步骤，应变计保持 30min 不受干扰（无冲洗），并继续记录最终应变，但即使以最理想的方式，也会可能出现至少大约 2℃ 的偏差。在改进的电桥中采用低热系数（1×10^{-6}）的电阻（图 1-5b 中的电阻 R2）以校准误差。钻孔时要求 R2 为常数，温度扰动约为 10℃时，误差为 5~10με。与总应变值（在深部岩体地应力测量中通常大于 1000με）相比误差可以接受。

在测量过程中还可降低应变计的热灵敏度以实现温度影响的进一步降低，由于温度变化引起的岩芯温度误差在地应力测量中可以通过温度标定加以消除和降低，但应力长期监测中无法取出含有探头的岩芯，因此温度自补偿技术在应力长期监测中尤其重要。原应变片的温度系数约为 50με/℃，将应变片贴到不同岩石上进行试验时，应变片的热输出是由应变片和岩芯的温度特性共同决定。

常见岩石热膨胀系数见表 3-4。关系式可用下式表示

$$\varepsilon_t = [(\alpha_g/K) + (\beta_s - \beta_g)]\Delta t \tag{3-3}$$

式中 ε_t——应变计的热输出；

α_g——应变计的热阻系数；

β_g——应变计的线性热膨胀系数；

K——应变计的灵敏系数；

β_s——基材的线性热膨胀系数；

Δt——温度变化（℃）。

表 3-4 岩石线膨胀系数表

岩石种类	线膨胀系数（10^{-6}/℃）	岩石种类	线膨胀系数（10^{-6}/℃）
闪长岩	1.8~11.9	白云岩	6.7~8.6
大理岩	1.1~16.0	石灰岩	0.9~12.2
砂岩	4.3~13.9	花岗岩	4.2~9.6

使用最新的自补偿应变片，可调节应变片的线膨胀系数。在三山岛金矿进行的测量时，应变计内使用线性热膨胀系数为 9.2με/℃的应变片，以匹配花岗岩岩体的热变形。在安装应变计之前，需使用现场岩芯进行校准试验。40℃温度下，对样品进行温度补偿试验，测试得到应变片的总热输出约为 3με/℃，如图 3-11 所示。

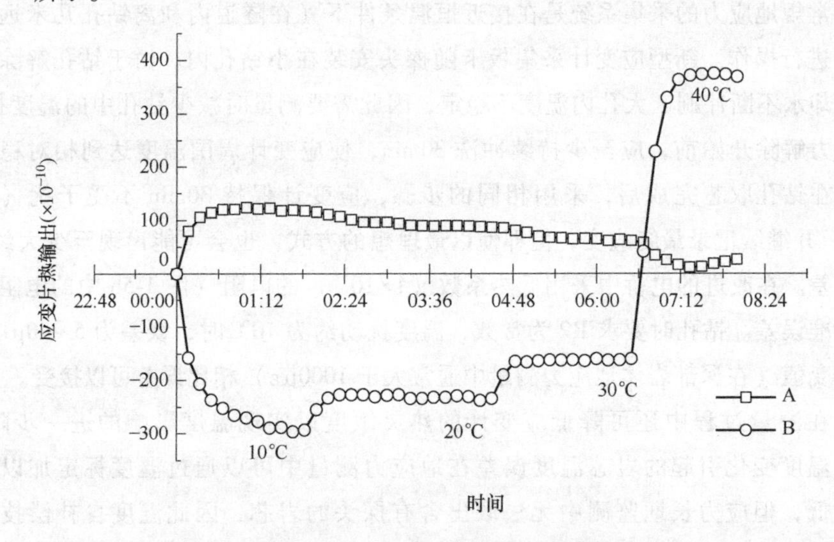

图 3-11 三山岛金矿花岗岩试样热输出测试结果

A—应变片基质为花岗岩 B—应变片基质为 1.5mm 厚环氧树脂贴片

3.1.2 高压双轴加载试验系统

空心包体应变计小孔中的岩芯成功解除后，需立刻封装以保证所解除的大尺寸岩芯性质与原位岩石尽量保持一致。在实验室测量大尺寸岩芯物理力学参数（包括弹性模量 E 和泊松比 ν）时，目前通用的方法为双轴加、卸载试验，又称围压率定试验。主要是对岩芯施加径向围压，测得岩石的力学参数。

目前，国内外广泛使用的围压率定仪器是由澳大利亚公司 ES&S 生产，其理论加压值为 40MPa，不能满足深部岩体空心包体法地应力测量中双轴加载试验的高围压要求。蔡美峰院士团队根据接触面自密封特性研制出了高围压率定仪器试验系统，如图 3-12 所示，该系统试验测试加载最大值为 150MPa，且具有保压性能稳定、加卸压方式操作简单等优点。该系统的主要特点是采用了以下几个非常规部件。

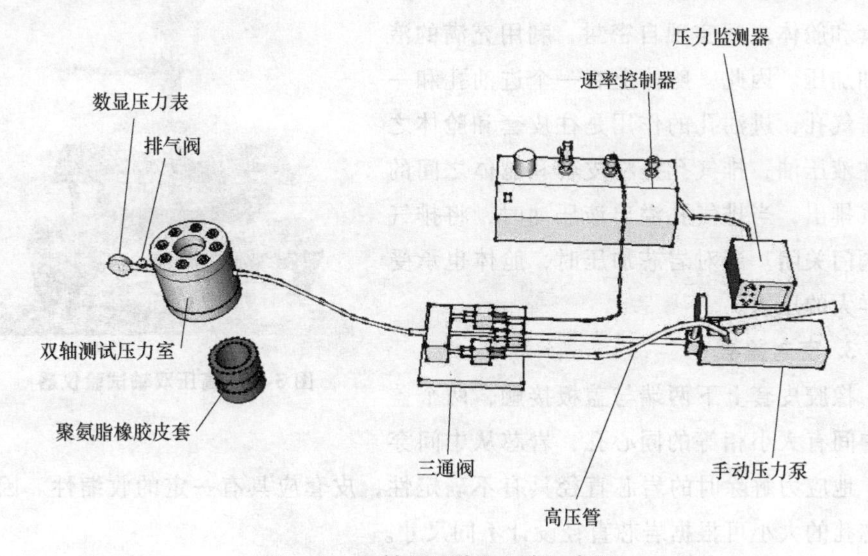

图 3-12 双轴加压装置组成示意图

1. 聚氨酯橡胶皮套

聚氨酯橡胶皮套（图 3-13）是这个设备中最关键的零件。在即使岩石样品已经普遍发生破坏和变形的情况下，橡胶皮套仍要继续起到有效密封的作用。一方面，为了尽可能地避免金属之间的接触，并便于将应变片的导线接出来，橡胶皮套的设计要考虑到加载压板和末端帽孔之间留有间隙，且这个缝隙要足够大。另一方面，在高液压条件下，间隙内密封橡胶圈的挤出也给间隙大小的设计带来了限制。除了强度要求外，皮套还应该防油（最常用的液压油），并且容易生产。通过对3种材料4种规格测试后，选用聚氨酯橡胶最为合适。

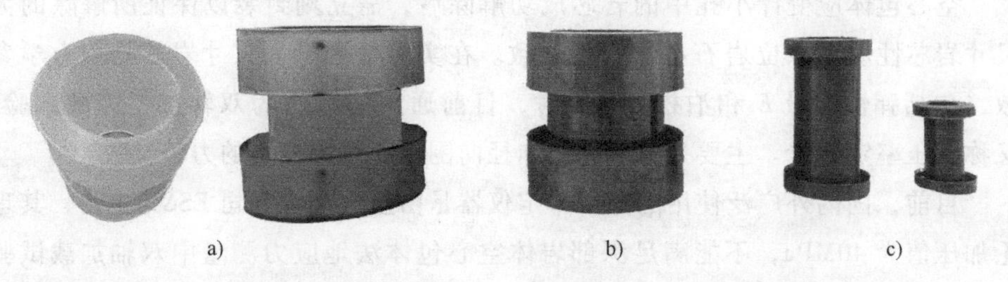

a)　　　　b)　　　　c)

图3-13　不同材质橡胶皮套实物及测试密封套实物

a）聚氨酯橡胶皮套　b）碳纤维橡胶皮套　c）高强度橡胶皮套

2. 高压舱体

高压双轴试验仪器（图3-14）的原理是皮套和舱体之间实现自密封，利用充满的液压油加压。因此，舱体上有一个进油孔和一个排气孔，进油孔的作用是往皮套和舱体之间注液压油，排气孔是将皮套和舱体之间的空气排出，当排气孔溢出液压油时，将排气孔阀门关闭。当对岩芯加压时，舱体也承受同样大的压力。

图3-14　高压双轴试验仪器

3. 密封盖板

橡胶皮套上下两端与盖板接触，两个盖板中间有大小相等的同心孔，岩芯从中间穿过，地应力解除时的岩芯直径具有不确定性，皮套应具有一定的收缩性。因此同芯孔的大小可根据岩芯直径设计不同尺寸。

4. 高强度螺栓

螺栓的性能等级在8.8级以上者，称为高强度螺栓。现国家标准中，其尺寸规格只列到M39，对于大尺寸规格螺栓，特别是长度大于10~15倍栓径的高强度螺栓，国内生产尚属短板。

高强度螺栓与普通螺栓的区别：

1）高强度螺栓可承受的载荷比同规格普通螺栓有较大幅度的提升。

2）两者的材料强度不同。从原材料看：高强度螺栓采用高强度材料制成。高强度螺栓的螺杆、螺帽和垫圈都由高强度钢材制作，常用45号钢、40硼钢、

20 锰钛硼钢、35CrMoA 等。普通螺栓常用 Q235（相当于过去的 A3）钢制成。高强度螺栓使用日益广泛。常用 8.8 级和 10.9 级两个强度等级，其中 10.9 级居多。普通螺栓强度等级要低，一般为 4.4 级、4.8 级、5.6 级和 8.8 级。

3）两者受力特点不同。高强度螺栓靠预拉力和摩擦力传递外力；普通螺栓连接靠栓杆抗剪和螺栓栓孔壁承压来传递剪力，拧紧螺帽时产生预拉力很小，其影响可以忽略不计。高强度螺栓除了其材料强度较高之外，还给螺栓施加较大的预拉力，使连接构件间产生挤压力，从而使垂直于螺杆方向有较大的摩擦力，而且预拉力、抗滑移系数和钢材种类都直接影响高强度螺栓的承载力。

3.2　考虑岩石非线性的计算方法

在 2.1.2 小节中已提出考虑体积模量和剪切模量变化的岩石非线性模型，本节根据该模型提出高压围压率定的计算方法和考虑岩石非线性的空心包体应变计算方法。

3.2.1　高压围压率定的计算方法

1. 围压率定计算原理

在进行围压率定试验过程中，需将解除岩芯放置在橡胶皮套增压室内，手动压力泵配有压力表，用于测量当前压力。在试验中解除岩芯样本处于平面应力状态，假设整个加载过程岩芯处于线性弹性阶段，可以推导出弹性模量

$$E=\frac{\sigma_{\mathrm{r}}}{\varepsilon_{\theta}}\frac{2R^{2}}{R^{2}-r^{2}} \tag{3-4}$$

式中　σ_{r}——径向压力（压应力为正）（Pa）；

R——解除岩芯外半径（m）；

r——小孔半径（m）；

ε_{θ}——三组应变花环向应变的平均值。

考虑环氧树脂胶厚度的影响，蔡美峰院士对此公式进行了修正，即

$$E=k_{1}\frac{\sigma_{\mathrm{r}}}{\varepsilon_{\theta}}\frac{2R^{2}}{R^{2}-r^{2}} \tag{3-5}$$

式中　k_1——由邓肯·法马（Duncan Fama）和彭德（Pender）（1980）提出的弹性孔模型修正参数。

泊松比 ν 计算公式为

$$\nu = -\frac{\varepsilon_a}{\varepsilon_\theta} \tag{3-6}$$

式中 ε_a——应变片上三组应变花轴向应变平均值。

图 3-15b 为双轴加载试验示意图及试验结果。试验过程中，径向压力用手动压力泵逐步加载，数据每增加 2MPa 记录一次。图 3-15a 中所示的 9 个应变片数据记录加卸载路径，最大压力为 10MPa。

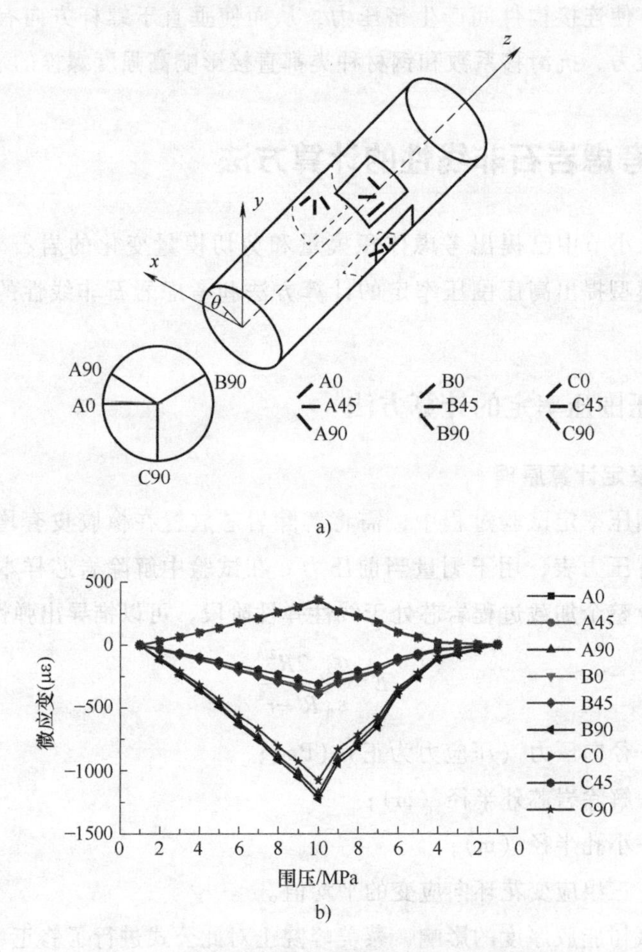

图 3-15　应变片位置与双轴试验数据典型曲线

a）应变片粘贴位置　b）微应变与围压关系曲线

根据双轴加载过程中测得的应变计算非线性弹性模量。弹性模量 E 与泊松比 ν 可根据式（3-4）~式（3-6）分段计算出，并且可做出切线弹性模量和轴向应变的线性拟合曲线。然而，计算时应考虑岩石在高应力水平下会表现出非线性行为。

根据原位花岗岩的两组三轴试验结果（每组 5 个围压），用式（2-21）进行拟合，拟合结果如图 3-16 和图 3-17 所示。最小二乘拟合可以计算出点和曲线之间的残差平方和的最小值。体积模量和剪切量的平方残差分别为 7.28GPa^2 和 18.72GPa^2。

$$\sum \delta_{Ki}^2 = \sum \left(K_i - K\big|_{p=p_i} \right)^2 \tag{3-7}$$

$$\sum \delta_{Gi}^2 = \sum \left(G_i - G\big|_{p=p_i} \right)^2 \tag{3-8}$$

式中　δ_{Ki}——体积模量在点（p_i，K_i）处的残余误差；

δ_{Gi}——剪切模量在点（p_i，G_i）处的残余误差。

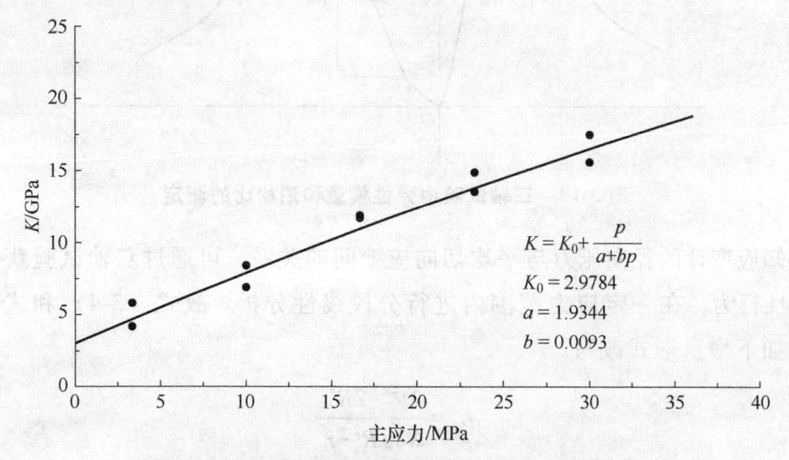

图 3-16　体积模量的非线性拟合（花岗岩试样）

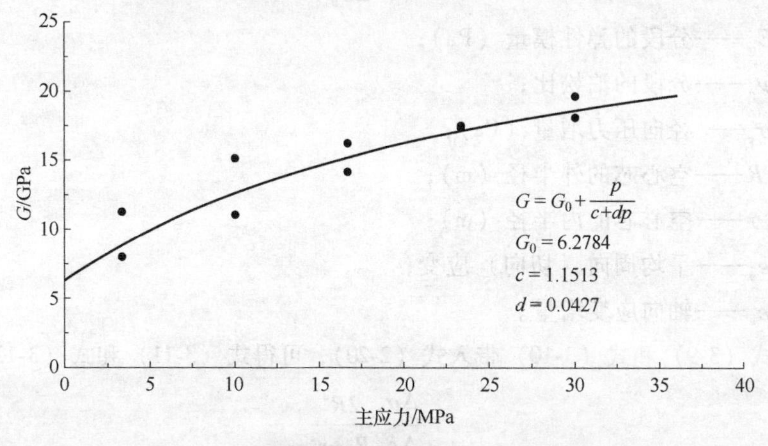

图 3-17　剪切模量的非线性拟合（花岗岩试样）

因三轴试验中平均应力难以保持恒定，所以取应力-应变曲线线性段中点做试样非线性分析（图 3-18）。应力-应变曲线线性部分中的数据用于计算杨氏模量和泊松比，而体积模量和剪切模量从式（2-20）可求得。

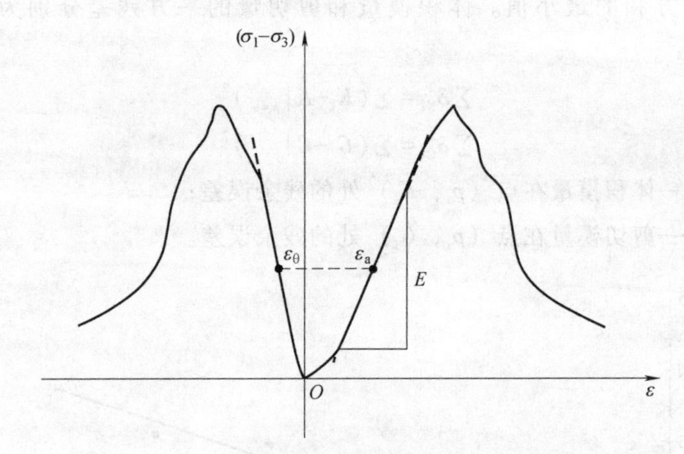

图 3-18　三轴试验中弹性模量和泊松比的测定

已知应变计的径向压力与平均切向应变间的关系，可通过双轴试验获得岩芯的非线性行为，在一定应力范围内进行分段线性分析。故式（3-4）和式（3-6）可以按如下增量形式改写

$$E_p=\frac{\Delta\sigma_r}{\Delta\varepsilon_\theta}\frac{2R^2}{R^2-r^2} \tag{3-9}$$

$$\nu_p=-\frac{\Delta\varepsilon_a}{\Delta\varepsilon_\theta} \tag{3-10}$$

式中　E_p——分段的弹性模量（Pa）；

ν_p——分段的泊松比；

$\Delta\sigma_r$——径向压力增量（Pa）；

R——空心芯的外半径（m）；

r——空心芯的内半径（m）；

$\Delta\varepsilon_\theta$——平均周向（切向）应变；

$\Delta\varepsilon_a$——轴向应变增量。

将式（3-9）和式（3-10）带入式（2-20），可得式（3-11）和式（3-12）为

$$K=\frac{\dfrac{\Delta\sigma_r}{\Delta\varepsilon_\theta}\dfrac{2R^2}{R^2-r^2}}{3\left(1+2\dfrac{\Delta\varepsilon_a}{\Delta\varepsilon_\theta}\right)} \tag{3-11}$$

$$G=\frac{\frac{\Delta\sigma_r}{\Delta\varepsilon_\theta}\frac{2R^2}{R^2-r^2}}{2\left(1-\frac{\Delta\varepsilon_a}{\Delta\varepsilon_\theta}\right)} \tag{3-12}$$

由于双轴试验中轴向应力为0，因此平均应力可写为

$$p=\frac{2\sigma_r}{3} \tag{3-13}$$

则式（3-11）和式（3-12）可写为

$$K=\frac{\Delta p}{\Delta(\varepsilon_\theta+2\varepsilon_a)}\frac{R^2}{R^2-r^2} \tag{3-14}$$

$$G=\frac{3\Delta p}{2\Delta(\varepsilon_\theta-\varepsilon_a)}\frac{R^2}{R^2-r^2} \tag{3-15}$$

将式（2-21）导出的K和G带入式（3-14）和式（3-15）得

$$\Delta(\varepsilon_\theta+2\varepsilon_a)=\frac{(a+bp)\Delta p}{aK_0+(bK_0+1)p}\frac{R^2}{R^2-r^2} \tag{3-16}$$

$$\Delta(\varepsilon_\theta-\varepsilon_a)=\frac{(c+dp)\Delta p}{cK_0+(dK_0+1)p}\frac{3R^2}{2(R^2-r^2)} \tag{3-17}$$

综合上述等式并考虑应变为0的条件，即$p=0$时，可得

$$(\varepsilon_\theta+2\varepsilon_a)=\frac{R^2}{R^2-r^2}\left\{\frac{bp}{bK_0+1}+\frac{a}{(bK_0+1)^2}\ln\left[\frac{a\cdot K_0+(b\cdot K_0+1)p}{a\cdot K_0}\right]\right\} \tag{3-18}$$

$$(\varepsilon_\theta-\varepsilon_a)=\frac{3R^2}{2(R^2-r^2)}\left\{\frac{dp}{(dG_0+1)}+\frac{c}{(dG_0+1)^2}\ln\left[\frac{c\cdot G_0+(d\cdot G_0+1)p}{c\cdot G_0}\right]\right\} \tag{3-19}$$

如果考虑到胶水厚度的影响，则需要使用修正系数k_1，Duncan Fama 和 Pender将该参数定义为

$$k_1=d_1(1-\nu_1\nu_2)\left(1-2\nu_1+\frac{R_1^2}{\rho^2}\right)+\nu_1\nu_2 \tag{3-20}$$

式中　ν_1——空心包体中环氧树脂的泊松比；

ν_2——岩石的泊松比；

R_1——空心包体胶层内径（m）；

ρ——应变片位置的径向坐标（m）。

参数d_1定义为

$$d_1=\frac{1}{1-2\nu_1+m^2+n(1-m^2)} \tag{3-21}$$

式中，m 和 n 定义为

$$m=\frac{R_1}{R_2},n=\frac{G_1}{G_2} \tag{3-22}$$

式中 R_2——导向孔的半径（m）；

G_1——环氧树脂的剪切模量（Pa）；

G_2——岩石的剪切模量（Pa）。

现有无线数字型空心包体应变计的参数如下：$\nu_1=0.29$，$R_1=15.5\text{mm}$，$E_1=3\text{GPa}$（环氧树脂弹性模量），$\rho=17.5\text{mm}$。对于特殊情况（$R_2=21\text{mm}$），不同岩石弹性模量 E_2 和泊松比 ν_2 的系数 k_1 见表 3-5。当岩石弹性模量从 10GPa 到 50GPa，泊松比从 0.10 到 0.35 时，k_1 值约为 1.1。如果假设 k_1 为常数，并估计中值，例如 $k_1=1.14$ 则变形计算的最大偏差为 7%。即使岩石在理想条件下，预期误差至少为 10%~20%；而数据处理、岩石各向异性特征和仪器误差产生的偏差通常大于 10%。这种误差对于地应力测量来说可以接受。

表 3-5　k_1 对弹性模量和泊松比的敏感性

E_2/GPa	ν_2			
	0.2	0.25	0.3	0.35
10	1.0972	1.0908	1.0845	1.0785
20	1.1614	1.1561	1.1510	1.1459
30	1.1846	1.1799	1.1751	1.1705
40	1.1966	1.1921	1.1876	1.1832
50	1.2039	1.1995	1.1952	1.1910

如果 k_1 是常数，则式（3-18）和式（3-19）亦可表示为

$$(\varepsilon_\theta+2\varepsilon_a)=k_1\cdot\frac{R^2}{R^2-r^2}\cdot\left\{\frac{p}{K_0}-\frac{p}{K_0(b\cdot K_0+1)}+\frac{a}{(b\cdot K_0+1)^2}\cdot\ln\left[\frac{a\cdot K_0+(b\cdot K_0+1)p}{a\cdot K_0}\right]\right\} \tag{3-23}$$

$$(\varepsilon_\theta-\varepsilon_a)=k_1\cdot\frac{3R^2}{2(R^2-r^2)}\cdot\left\{\frac{p}{K_0}-\frac{p}{K_0(d\cdot K_0+1)}+\frac{c}{(d\cdot K_0+1)^2}\cdot\ln\left[\frac{c\cdot K_0+(d\cdot K_0+1)p}{c\cdot K_0}\right]\right\} \tag{3-24}$$

若通过修正系数 k_1 来提高测量精度，则可以分段进行数据拟合。系数 k_1 可设为根据卸载曲线的正割弹性模量而变化。

2. 围压率定标定实例

在三山岛金矿 795m 深度和李楼铁矿 300m 深度取岩芯进行双轴加压标定试验。图 3-19 和图 3-20 为加载过程的应变曲线，计算参数见表 3-6。对每个岩芯做三次重复加、卸载循环如图 3-21 和图 3-22 所示，拟合线性和非线性平均应变如图 3-23～图 3-26 所示。估算地应力水平后，确定最大径向压力，并分级加载。

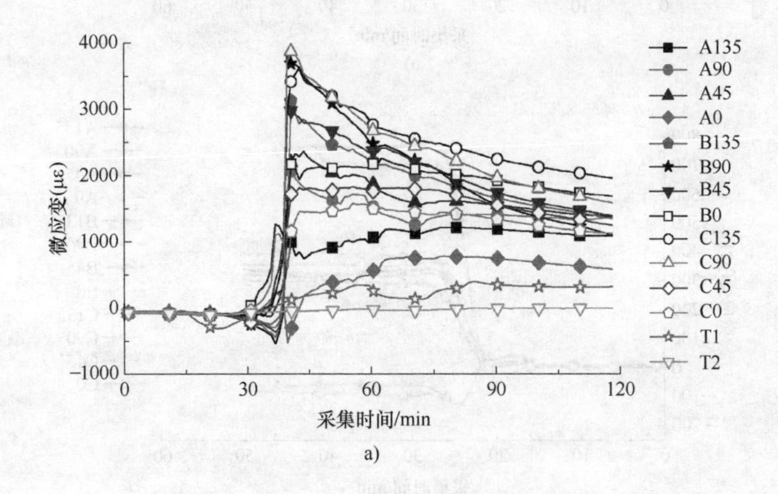

a)

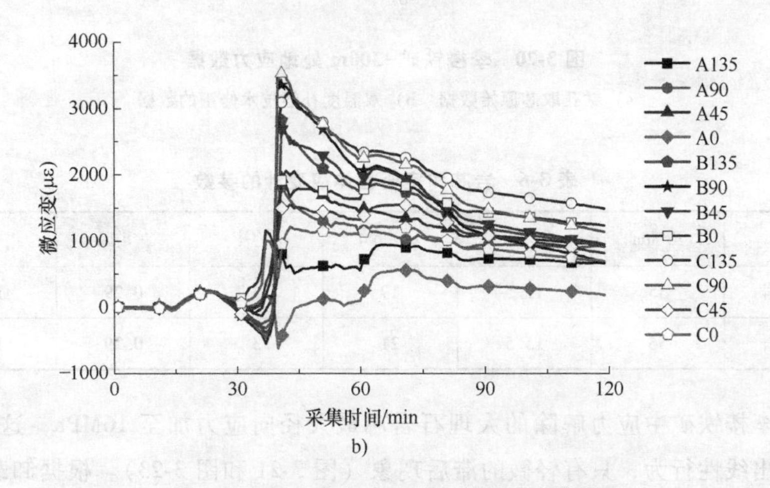

b)

图 3-19　三山岛金矿−795m 处地应力数据

a）钻孔取芯原始数据　b）双温度补偿技术修正的数据

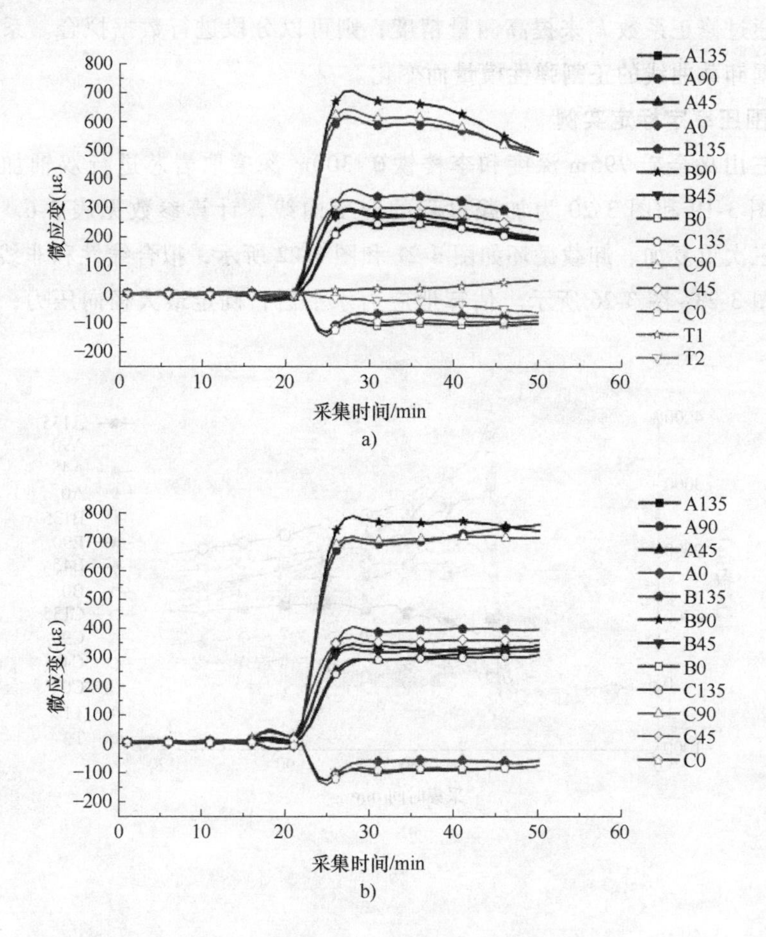

图 3-20　李楼铁矿−300m 处地应力数据

a）钻孔取芯原始数据　b）双温度补偿技术修正的数据

表 3-6　岩芯和空心包体应变计的参数

岩性	R/mm	R_1/mm	R_2/mm	E_1/GPa	ν_1	ρ/mm
花岗岩	55	15.5	19	3	0.29	17.5
大理岩	56	15.5	21	3	0.29	17.5

从李楼铁矿中应力解除的大理石岩芯最大径向应力加至 16MPa，这一过程中表现出线性行为，只有轻微的滞后现象（图 3-21 和图 3-23）。根据卸载数据，可获得线性和非线性曲线（图 3-23 和图 3-25），线弹性常数为 $E=32.35$GPa，$\nu=0.1$。非线性拟合得到的参数见表 3-7。

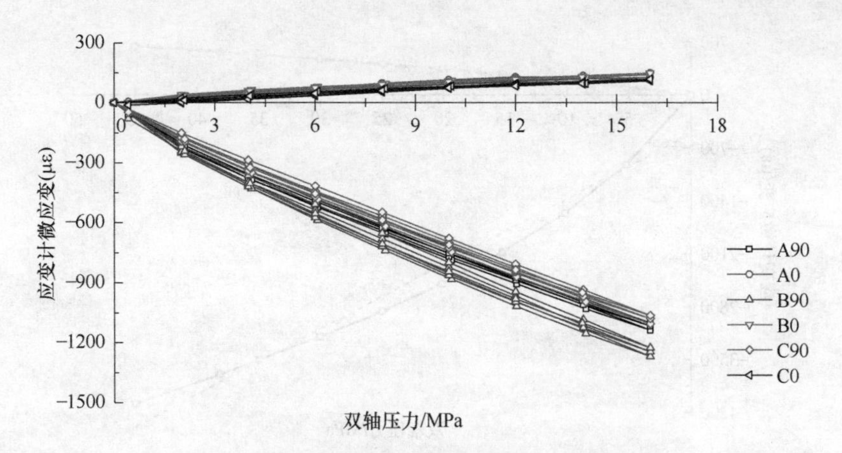

图 3-21　大理石岩芯双轴加压结果（-300m 深度）

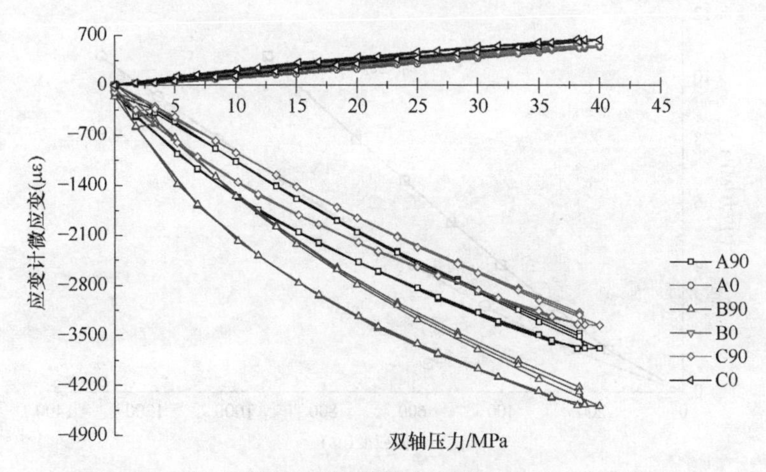

图 3-22　花岗岩岩芯双轴加压结果（-795m 深度）

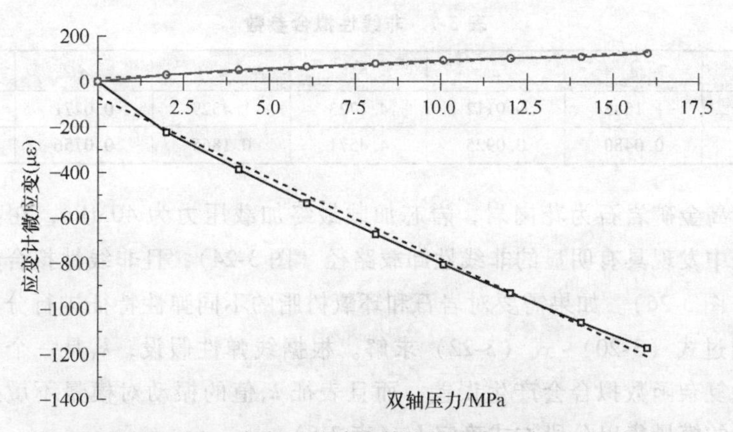

图 3-23　E 和 ν 根据平均应变的线性拟合（大理石岩芯）

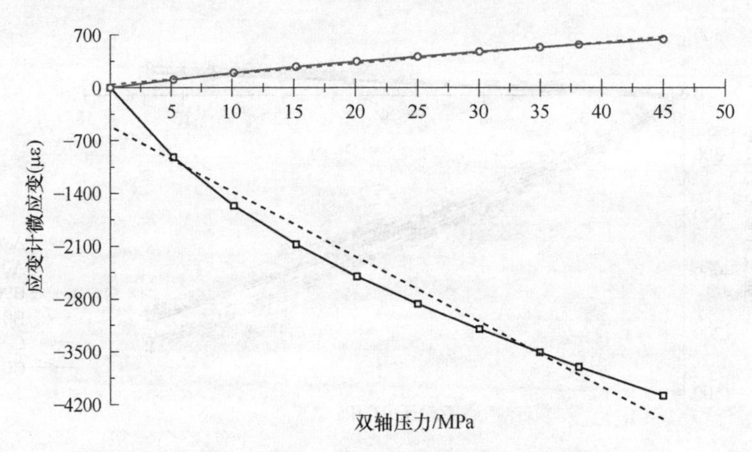

图 3-24 E 和 ν 根据平均应变的线性拟合（花岗岩岩芯）

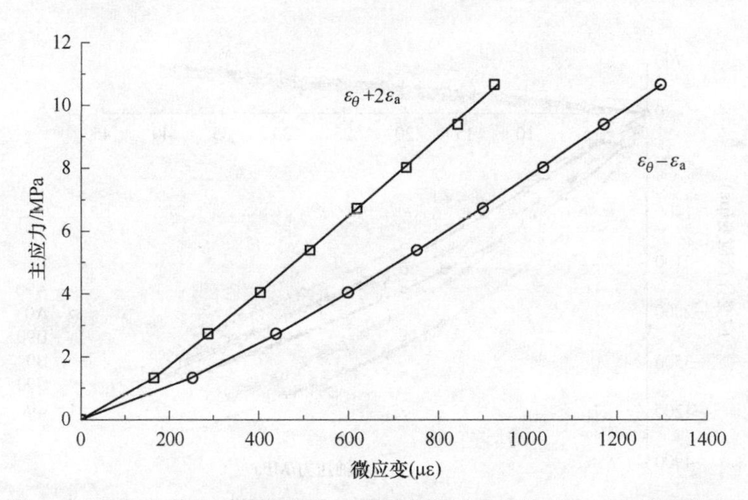

图 3-25 用于计算体积模量和剪切模量参数的非线性拟合（大理石岩芯）

表 3-7 非线性拟合参数

岩性	a	b	K_0	c	d	G_0
花岗岩	1.1585	0.0112	4.1723	1.4329	0.0271	4.6066
大理岩	0.0480	0.0925	4.4571	0.1865	0.0756	6.8396

三山岛金矿岩石为花岗岩，岩芯加载最终加载压力为 40MPa，在高压双轴试验过程中发现具有明显的非线性卸载路径（图 3-24），且非线性拟合具有较高相关性（图 3-26）。如果需要对岩石和环氧树脂的不同弹性特征进行分析，则参数 k_1 可通过式（3-20）~式（3-22）求解。根据线弹性假设，k_1 是一个常数。由于非线性复杂函数拟合会产生误差，而且表征 k_1 值的振动对模量不敏感，因此使用不同的模量集以分段方式确定 k_1（表 3-8）。

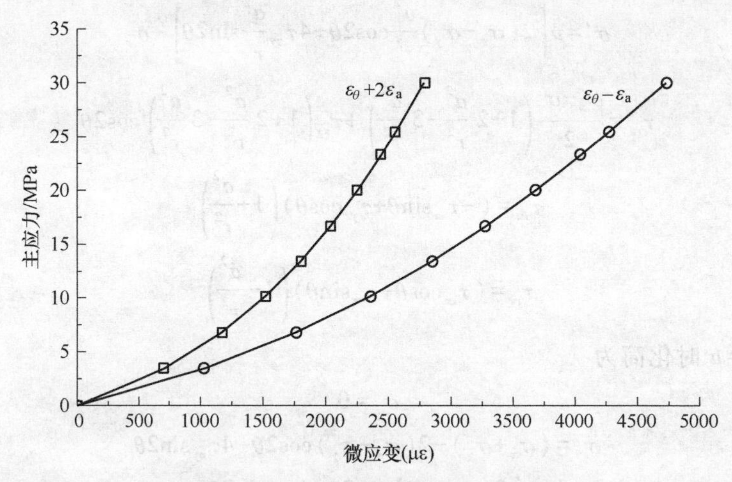

图 3-26　用于计算体积模量和剪切模量参数的非线性拟合（花岗岩岩芯）

表 3-8　k_1 对体积模量和剪切模量的敏感性

G/GPa	K/GPa			
	5	10	15	20
5	1.1205	1.1147	1.1123	1.1111
10	—	1.1769	1.1714	1.1683
15	—	—	1.1970	1.1925
20	—	—	1.2127	1.2073

大理石和花岗岩岩芯的测试表明，非线性拟合可以提供更高的精度（在这种情况下，误差不超过 10με）。如果考虑到胶的厚度和应变片相对于钻孔表面的位置，弹性模量将降低约 10%。因此通过高压双轴压试验数据提出的求解方法更适合描述岩石和岩芯的非线性。

3.2.2　考虑岩石非线性的空心包体应变计算方法

1. 应变和三维应力分量间的关系

一个无限体中的钻孔，受到无穷远处的三维地应力场（$\sigma_x,\sigma_y,\sigma_z,\tau_{xy},\tau_{yz},\tau_{zx}$）作用时，三维钻孔围岩应力公式为

$$\sigma_r=\frac{\sigma_x+\sigma_y}{2}\left(1-\frac{a^2}{r^2}\right)+\frac{\sigma_x-\sigma_y}{2}\left(1-4\frac{a^2}{r^2}+3\frac{a^2}{r^2}\right)\cos2\theta+\tau_{xy}\left(1-4\frac{a^2}{r^2}+3\frac{a^2}{r^2}\right)\sin2\theta \tag{3-25}$$

$$\sigma_\theta=\frac{\sigma_x+\sigma_y}{2}\left(1+\frac{a^2}{r^2}\right)-\frac{\sigma_x-\sigma_y}{2}\left(1+3\frac{a^2}{r^2}\right)\cos2\theta+\tau_{xy}\left(1+3\frac{a^2}{r^2}\right)\sin2\theta \tag{3-26}$$

$$\sigma_z'=\nu\left[2(\sigma_x-\sigma_y)\frac{a^2}{r^2}\cos2\theta+4\tau_{xy}\frac{a^2}{r^2}\sin2\theta\right]+\sigma_z \tag{3-27}$$

$$\tau_{r\theta}=\frac{\sigma_x-\sigma_y}{2}\left(1+2\frac{a^2}{r^2}-3\frac{a^2}{r^2}\right)+\tau_{xy}\left(1+2\frac{a^2}{r^2}-3\frac{a^2}{r^2}\right)\cos2\theta \tag{3-28}$$

$$\tau_{\theta z}=(-\tau_{zx}\sin\theta+\tau_{yz}\cos\theta)\left(1+\frac{a^2}{r^2}\right) \tag{3-29}$$

$$\tau_{rz}=(\tau_{zx}\cos\theta+\tau_{yz}\sin\theta)\left(1-\frac{a^2}{r^2}\right) \tag{3-30}$$

当 $r=a$ 时化简为

$$\sigma_r=0 \tag{3-31}$$

$$\sigma_\theta=(\sigma_x+\sigma_y)-2(\sigma_x-\sigma_y)\cos2\theta+4\tau_{xy}\sin2\theta \tag{3-32}$$

$$\sigma_z'=\nu[2(\sigma_x-\sigma_y)\cos2\theta+4\tau_{xy}\sin2\theta]+\sigma_z \tag{3-33}$$

$$\tau_{r\theta}=0 \tag{3-34}$$

$$\tau_{\theta z}=2(\tau_{yz}\cos\theta-\tau_{zx}\sin\theta) \tag{3-35}$$

$$\tau_{rz}=0 \tag{3-36}$$

但由于在空心包体应变计中，应变片不是直接粘贴在孔壁上，而是与孔壁有约1.5mm的距离，因而其测出的应变值和孔壁应变值有区别，为了修正这一区别，加入了4个修正系数 k_1、k_2、k_3、k_4（统称 k 系数），其形式为

$$\sigma_\theta=(\sigma_x+\sigma_y)k_1-[2(\sigma_x-\sigma_y)\cos2\theta+4\tau_{xy}\sin2\theta]k_2 \tag{3-37}$$

$$\sigma_z'=\nu[2(\sigma_x-\sigma_y)\cos2\theta+4\tau_{xy}\sin2\theta]k_2+\sigma_z k_4 \tag{3-38}$$

$$\tau_{\theta z}=2(\tau_{yz}\cos\theta-\tau_{zx}\sin\theta)k_3 \tag{3-39}$$

孔壁应变花为平面应力状态，只有 σ_θ、σ_z、$\tau_{r\theta}$ 三个应力分量，每个电阻应变花的4支应变片所测应变值为 ε_θ、ε_z、ε_{45}、ε_{-45} 即（ε_{135}）和它们的关系式为

$$\varepsilon_\theta=\frac{1}{E}(\sigma_\theta-\nu\sigma_z') \tag{3-40}$$

$$\varepsilon_z=\frac{1}{E}(\sigma_z'-\nu\sigma_\theta) \tag{3-41}$$

$$\gamma_{\theta z}=\frac{\tau_{\theta z}}{G} \tag{3-42}$$

把弹性模量和泊松比用体积模量 K 和剪切模量 G 替换

$$\varepsilon_\theta=\frac{6K+2G}{9KG}\left(\sigma_\theta-\frac{3K-2G}{6K+2G}\sigma_z'\right) \tag{3-43}$$

$$\varepsilon_z=\frac{6K+2G}{9KG}\left(\sigma_z'-\frac{3K-2G}{6K+2G}\sigma_\theta\right) \tag{3-44}$$

$$\gamma_{\theta z}=\frac{\tau_{\theta z}}{G} \tag{3-45}$$

将 6 个应力分量 σ_x、σ_y、σ_z、τ_{xy}、τ_{yz}、τ_{zx} 替换极坐标中 σ_θ、σ_z、$\tau_{r\theta}$ 三个应力分量，加入 k 系数后公式变为

$$\varepsilon_\theta=\frac{6K+2G}{9KG}\left\{(\sigma_x+\sigma_y)k_1+2\left(1-\left(\frac{3K-2G}{6K+2G}\right)^2\right)[(\sigma_y-\sigma_x)\cos2\theta-2\tau_{xy}\sin2\theta]k_2-\frac{3K-2G}{6K+2G}\sigma_z k_4\right\} \tag{3-46}$$

$$\varepsilon_z=\frac{6K+2G}{9KG}\left[\sigma_z-\frac{3K-2G}{6K+2G}(\sigma_x+\sigma_y)\right] \tag{3-47}$$

$$\gamma_{\theta z}=\frac{24K+8G}{9KG}\left(\frac{9K}{6K+2G}\right)(\tau_{yz}\cos\theta-\tau_{zx}\sin\theta)k_3 \tag{3-48}$$

$$P=\frac{(\sigma_x+\sigma_y+\sigma_z)}{3} \tag{3-49}$$

式中，$K=K_0+\frac{p}{a+b\times p}$，$G=G_0+\frac{p}{c+d\times p}$；$K_0$、$a$、$b$、$G_0$、$c$、$d$，通过高围压率定试验获得，具体计算方法见式（2-22）~式（2-25）。每组应变花的测量结果可根据平面受力状态得到 4 个方程（见图 3-27），三组应变花共 12 个方程，其中至少 6 个独立方程，可以求解出原岩应力的 6 个分量。其中体积模量 K 和剪切模量 G 是关于原岩应力的函数，k 系数也是关于三维应力分量的函数。

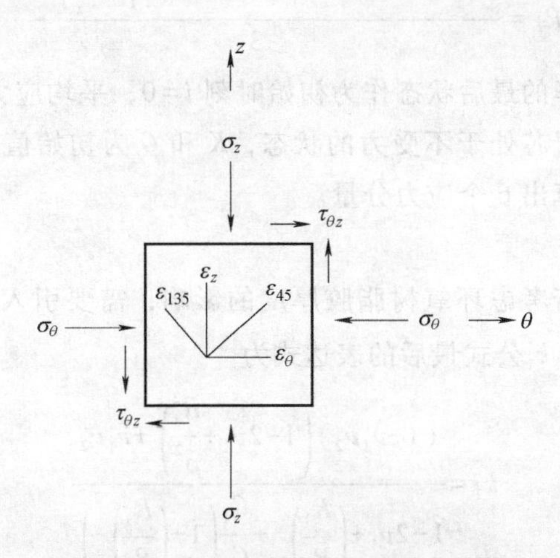

图 3-27　电阻应变花的平面受力状态

在解除过程中，随着解除应力逐步释放，岩芯体积模量和剪切模量也随之变化，但在应力水平变化在一定范围内可以认为体积模量和剪切模量是一个定

值。因此可以采用分段线性叠加的方法对非线性过程进行求解。考虑解除过程中每个阶段都适用式（3-46）~式（3-49），将传统地应力求解公式从总量形式改为考虑解除过程非线性特征的增量形式。第 i 阶段的增量计算公式为

$$\Delta\varepsilon_{\theta_i}=\frac{3K_i+G_i}{9K_iG_i}\left\{(\Delta\sigma_{x_i}+\Delta\sigma_{y_i})k_1+2\left(1-\left(\frac{3K_i-2G_i}{6K_i+2G_i}\right)^2\right)\cdot\right. \tag{3-50}$$

$$\left.[(\Delta\sigma_{y_i}-\Delta\sigma_{x_i})\cos2\theta-2\Delta\tau_{(xy)_i}\sin2\theta]k_2-\left(\frac{3K_i-2G_i}{6K_i+2G_i}\right)\Delta\sigma_{z_i}k_4\right\}$$

$$\Delta\varepsilon_{z_i}=\frac{3K_i+G_i}{9K_iG_i}\left[\Delta\sigma_{z_i}-\left(\frac{3K_i-2G_i}{6K_i+2G_i}\right)(\Delta\sigma_{x_i}+\Delta\sigma_{y_i})\right] \tag{3-51}$$

$$\Delta\gamma_{(\theta z)_i}=(\Delta\tau_{(yz)_i}\cos\theta-\Delta\tau_{(zx)_i}\sin\theta)k_3/G_i \tag{3-52}$$

$$K_i=K_0+\frac{\sum_1^i P_i}{b+a\times\sum_1^i P_i} \tag{3-53}$$

$$G_i=G_0+\frac{\sum_1^i P_i}{b+a\times\sum_1^i P_i} \tag{3-54}$$

$$P_i=\frac{\left(\sum_1^i\sigma_{x_{(i-1)}}+\sum_1^i\sigma_{y_{(i-1)}}+\sum_1^i\sigma_{z_{(i-1)}}\right)}{3} \tag{3-55}$$

式中，岩芯解除完毕的最后状态作为初始时刻 $i=0$，平均应力 $P_0=0$，即岩芯已经完全解除，解除岩芯处于不受力的状态，K 和 G 为初始值 K_0，G_0。每个阶段根据最小二乘法计算出 6 个应力分量。

2. k 系数分析

（1）k_1系数　若考虑环氧树脂胶厚度的影响，需要引入参数 k_1，该系数在上节中已进行分析，k_1公式最后的表达式为

$$k_1=\frac{(1-\nu_1\nu_2)\left(1-2\nu_1+\frac{R_1^2}{\rho^2}\right)+\nu_1\nu_2}{1-2\nu_1+\left(\frac{R_1}{R_2}\right)^2+\frac{G_1}{G_2}\left(1-\left(\frac{R_1}{R_2}\right)^2\right)} \tag{3-56}$$

岩石的泊松比可以用体积模量和剪切模量表达：

$$\nu=\frac{3K-2G}{6K+2G} \tag{3-57}$$

（2）k_2系数

$$k_2=(1-\nu_1)d_2\rho^2+d_3+\nu_1\frac{d_4}{\rho^2}+\frac{d_5}{\rho^4} \tag{3-58}$$

式中

$$d_2=\frac{12(1-n)m^2(1-m^2)}{R_2^2 D} \tag{3-59}$$

$$d_3=\frac{1}{D}[m^4(4m^2-3)(1-n)+x_1+n] \tag{3-60}$$

$$d_4=\frac{-4R_1^2}{D}[m^6(1-n)+x_1+n] \tag{3-61}$$

$$d_5=\frac{3R_1^4}{D}[m^4(1-n)+x_1+n] \tag{3-62}$$

且式（3-59）~式（3-62）中 D 表达式为

$$D=(1+x_2 n)[x_1+n+(1-n)(3m^2-6m^4+4m^6)]+(x_1-x_2 n)m^2[(1-n)m^6+(x_1+n)] \tag{3-63}$$

式中　x_1——$x_1=3-4\nu_1$；

x_2——$x_2=3-4\nu_2$；

R_1——空心包体内半径（m）；

R_2——安装小孔半径（m）；

G_1——空心包体材料环氧树脂的剪切模量（Pa）；

G_2——岩石材料的剪切模量（Pa）；

ν_1——空心包体材料环氧树脂的泊松比；

ν_2——岩石的泊松比；

ρ——电阻应变片在空心包体中的径向距离（m）。

（3）k_3系数

$$k_3=d_6\left(1+\frac{R_1^2}{\rho^2}\right) \tag{3-64}$$

$$d_6=\frac{1}{1+m^2+n(1-m^2)} \tag{3-65}$$

（4）k_4系数

$$k_4=(\nu_2-\nu_1)d_1\left(1-2\nu_1+\frac{R_1^2}{\rho^2}\right)\nu_2+\frac{\nu_1}{\nu_2} \tag{3-66}$$

因 k 系数采取分段取值的方法，k_1、k_2、k_3、k_4都是与剪切模量 G 相关的函数，把每一阶段的剪切模量 G 代入便可获得每个阶段对应的 k_1、k_2、k_3、k_4。

在传统的空心包体应变计线性计算理论基础上，引入体积模量 K 和剪切模量 G，且 K 和 G 是关于原岩应力分量的一种非线性函数，因此在应力分量计算过程中将岩体非线性引入，且 k 系数也是依据测点所处应力大小确定，高应力下剪切模量的变化对 k 系数不敏感。因此对 k 系数采取分段取值，取值的大小根据每个解除阶段初始所受的原岩应力分量的大小确定。由于采用增量式代替了传统地应力求解方法中的全量式，因此采用双迭代求解 k_1、k_2、k_3、k_4时计算量较大，需采用编程求解得到地应力数值。如果考虑 k_1系数对应力水平敏感度不大的特点，可以进行分段赋值，给出其在各个水平下的具体数值，在各段求解中作为已知参量使用，这样会大大减少求解步骤。

第4章 考虑时间非线性的地应力测量方法

4.1 考虑岩石时间非线性的地应力测量方法概述

目前地应力测量方法众多，其中工程应用最为广泛的是水压致裂法和应力解除法。水压致裂法在只有深部地应力数据获取要求和测点水平分布较广的情况下成本负担较重。而空心包体应变计法测量岩体需要基本满足各向同性条件，操作过程复杂且需考虑胶体粘接质量、环境温度影响、钻孔及岩芯质量等产生的数据误差和扰动，同时需在洞室内完成。不同方法在深部岩体地应力测量中均存在相应的局限性，如何发展新型地应力测量理论和技术或完善既有理论和技术使之适应深部地应力、地应力场测量成为当前地应力测量领域发展的新课题。

由于各种矿物颗粒物质组成了岩石的固体骨架，且各矿物颗粒之间相互紧密接触。因此，岩石矿物颗粒之间存在的微裂纹和细观结构边界。作为一种由多种矿物颗粒组成的非均匀材料，岩石内部还包含节理、裂隙、孔洞等结构，这些结构的存在是岩石具有滞弹性变形特性和非线性力学行为的根本原因。当钻探将岩芯从原位状态解除后，岩芯原位应力状态解除，岩芯的弹性变形会瞬间恢复，岩芯的另一部分变形不会瞬间恢复完成，而是在一定时间段内随时间增大逐渐进行恢复，表现出明显的时间效应。这种变形被称为滞弹性变形。

岩石时滞性变形现象（时间非线性）最早由 N. G. W. Cook 和 K. Hodeson 发现。当岩石脱离原位应力状态时，通常伴随着微裂纹张开和扩展。将岩芯从各向异性的应力场中解除后，岩芯往往在最大应力方向上滞弹性应变恢复量最大，而在最小应力方向滞弹性应变恢复量最小。因此通过对解除的定向岩芯进行适当的处理和测量，可以从最大和最小应变方向推断出主要原位应力的方向。针对此现象，有学者提出可以利用该特性对应力解除岩芯进行滞弹性应变测量，并通过滞弹性应变分析得到岩芯原位应力状态的地应力，这种方法被称为非弹性应变恢复法或滞弹性应变恢复法地应力测量方法（Anelastic Strain Recovery Method，ASR）。

4.2 滞弹性地应力测量方法原理

4.2.1 滞弹性应变恢复地应力测量方法的理论基础

该测量理论中对于岩石时滞性的研究仅针对滞弹性进行，地应力分析过程中的核心参数岩石滞弹性剪切型恢复柔量与体积型恢复柔量的比值以估算为主。由于滞弹性变形研究受现有实验设备无法长期加载的限制，短期试验所取得的结果并不能很好地代表原位岩体的力学特征，因此所取得的地应力估算值精确度仍有待提高。使用滞弹性理论进行地应力计算时其理论基础如下：

假设岩石是各向同性的均质线弹性材料，则本构方程可写为

$$\sigma_m = 3K\varepsilon_m, \quad s_{ij} = 2Ge_{ij} \tag{4-1}$$

式中 K——材料的体积模量（Pa）；

G——材料的剪切模量（Pa）；

σ_m——平均应力（Pa）；

ε_m——平均应变；

s_{ij}——偏应力分量（Pa）；

e_{ij}——应变偏量；

依次定义为下列各式：

$$\sigma_m = \sigma_{kk}/3 \tag{4-2}$$

$$\varepsilon_m = \varepsilon_{kk}/3 \tag{4-3}$$

$$s_{ij} = \sigma_{ij} - \delta_{ij}\sigma_m \tag{4-4}$$

$$e_{ij} = \varepsilon_{ij} - \delta_{ij}\varepsilon_m \tag{4-5}$$

式中，克罗内克符号（Kronecker delta）$\delta_{ij} = \begin{cases} 0 & i \neq j \\ 1 & i = j \end{cases}$。

各向同性材料的变形由两种独立的变形分量组成：体积变形分量和剪切变形分量，前者给出了平均应力 σ_m 和平均应变 ε_m 之间的关系，后者给出了应力偏

量 s_{ij}和应变偏量 e_{ij}之间的关系。

另外，各向同性的线性黏弹性材料的本构方程可用 Laplace 变换通过使用黏弹性参数蠕变柔量（creep compliances）或者松弛柔量给出。体积蠕变柔量 $J_{cV}(t)$ 和剪切蠕变柔量 $J_{cS}(t)$ 作为时间 t 的函数分别定义为加载条件下平均应变和应变偏量的时效性增量，如图 4-1 所示。下标 V 和 S 分别代表体积变形和剪切变形。使用蠕变柔量表示各向同性的线黏弹性材料的本构方程为

$$\bar{\sigma}_{m} = \bar{\varepsilon}_{m} / (s\bar{J}_{cV}) \tag{4-6}$$

$$\bar{s}_{ij} = \bar{e}_{ij} / (s\bar{J}_{cS}) \tag{4-7}$$

式中　s——Laplace 域中的变量；

$\bar{\sigma}_{m}$、$\bar{\varepsilon}_{m}$、$\bar{J}_{cV}$、$\bar{s}_{ij}$、$\bar{e}_{ij}$、$\bar{J}_{cS}$为 σ_{m}、ε_{m}、J_{cV}、s_{ij}、e_{ij}、J_{cS}的 Laplace 变换。

应变恢复柔量［the Strain Recovery（SR） compliances］$J_{V}(t)$ 和 $J_{S}(t)$ 定义为平均应变和应变偏量的恢复大小，包含弹性应变恢复。当 $t=0$ 时将施加的大小为 1 个单位的恒定荷载瞬间卸载，则 SR 柔量作为时间的函数其随时间变化过程如图 4-1 所示，因此当考虑相对于初始状态的应变恢复时，应变恢复柔量与蠕变柔量具有类似的数学表达形式。但是，SR 柔量随着时间的变化率总是单调减小的，而且 SR 柔量随着时间增加最终会收敛于某一固定值，而当施加的应力足够大时，蠕变柔量可能以加速方式随时间增大。

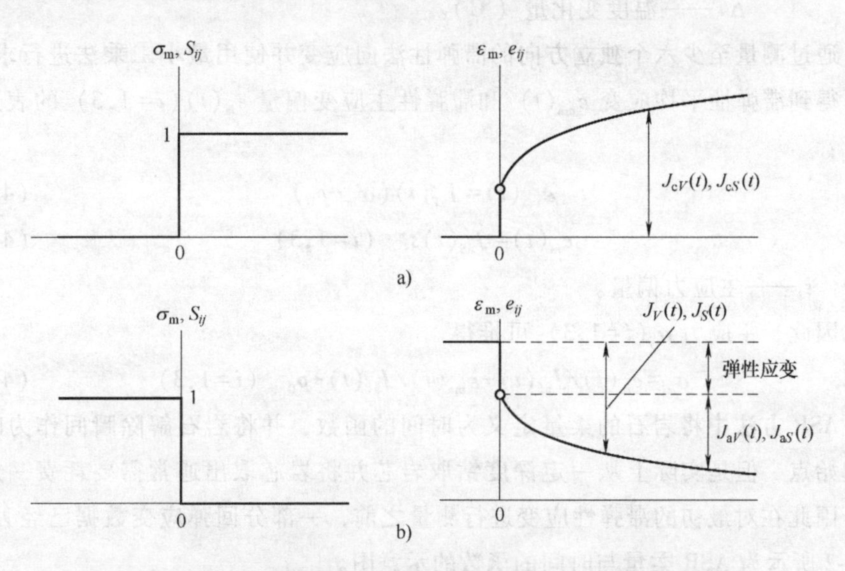

图 4-1　蠕变柔量和 ASR（滞弹性应变恢复）柔量的定义图

a）蠕变柔量　b）ASR（滞弹性应变恢复）柔量

ASR 柔量表示 SR 柔量减去弹性应变恢复量如图 4-1 所示。ASR 柔量中的体积变形柔量和剪切变形柔量分别用 $J_{aV}(t)$、$J_{aS}(t)$ 表示。因此，通过式（4-8）和式（4-9）可以得到由平均应力 σ_m 和偏应力 s_{ij} 瞬时释放引起的滞弹性平均应变 $\varepsilon_{ma}(t)$ 和滞弹性偏应变 $e_{ija}(t)$ 表达式为

$$\varepsilon_{ma}(t)=J_{aV}(t)\sigma_m \tag{4-8}$$

$$e_{ija}(t)=J_{aS}(t)s_{ij} \tag{4-9}$$

许多学者根据以上理论基础提出了利用 ASR 数据计算原位主应力大小和方向的模型，其中日本学者 Matsuki 和 Takeuchi（1993）提出了 ASR 方法的三维主应力测量算法。当应力张量（$\sigma_x,\sigma_y,\sigma_z,\tau_{xy},\tau_{yz};\tau_{zx}$）使用笛卡尔坐标系表示，孔隙压力逐步释放时，则任意方向的滞弹性平均应变恢复量 $\varepsilon_{ma}(t)$ 可由下式给出：

$$\varepsilon_{ma}(t)=\frac{1}{3}[(3l^2-1)\sigma_x+(3m^2-1)\sigma_y+(3n^2-1)\sigma_z+6lm\tau_{xy}+6mn\tau_{yz}+6nl\tau_{zx}]\cdot J_{aS}(t)+(\sigma-P_0)J_{aV}(t)+\alpha_T\Delta T \tag{4-10}$$

式中 l、m、n——任意方向的方向余弦，对应于应变方向与 X、Y、Z 轴的夹角；

α_T——线膨胀系数；

ΔT——温度变化量（℃）。

通过测量至少六个独立方向的滞弹性法向应变并使用最小二乘法进行求解，则可得到滞弹性平均应变 $\varepsilon_{ma}(t)$ 和滞弹性主应变偏量 $e_{ia}(t)\,(i=1,3)$ 的表达式如下：

$$\varepsilon_{ma}(t)=J_{aV}(t)(\sigma_m-p_0) \tag{4-11}$$

$$e_{ia}(t)=J_{aS}(t)s_i \quad (i=1,3) \tag{4-12}$$

式中 s_i——主应力偏量。

因此，主应力 $\sigma_i\,(i=1,3)$ 可推得

$$\sigma_i=e_{ia}(t)/J_{aS}(t)+\varepsilon_{ma}(t)/J_{aV}(t)+p_0 \quad (i=1,3) \tag{4-13}$$

ASR 方法中将岩石的柔量定义为时间的函数，并将岩石解除瞬间作为时间的起始点，但是实际上从一定深度钻取岩芯并将岩芯取出通常需要耗费一定时间，因此在对最初的滞弹性应变进行测量之前，一部分回弹应变数据已经丢失，图 4-2 所示为 ASR 柔量与时间的函数的示意图。

综上所述可知，实际测量时坐标系中任意方向（l,m,n）的滞弹性法向应变计算公式为

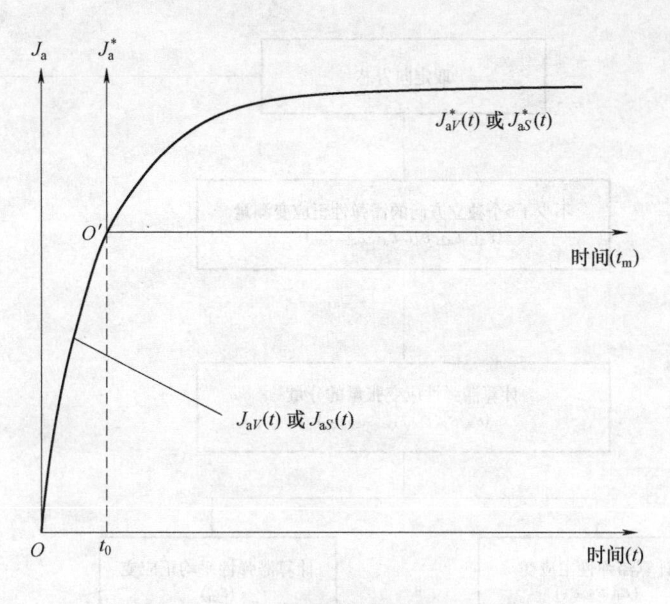

图 4-2　ASR 柔量与时间的函数示意图

$$\varepsilon_a(t_m)=\frac{1}{3}[(3l^2-1)\sigma_x+(3m^2-1)\sigma_y+(3n^2-1)\sigma_z+6lm\tau_{xy}+6mn\tau_{yz}+6nl\tau_{zx}]\cdot J_{aS}^*(t_m)+(\sigma_m-P_0)J_{aV}^*(t_m)+\alpha_T\Delta T \tag{4-14}$$

因此，由测量过程获得的滞弹性应变可以得到滞弹性主应变偏量 $e_{ia}(t)$（$i=1,3$）和滞弹性平均应变 $\varepsilon_{ma}(t_m)$ 的计算公式为

$$\varepsilon_{ma}(t_m)=J_{aV}^*(t_m)(\sigma_m-p_0) \tag{4-15}$$

$$e_{ia}(t_m)=J_{aS}^*(t_m)S_i \quad (i=1,3) \tag{4-16}$$

主应力 σ_i 值为

$$\sigma_i=e_{ia}(t_m)/J_{aV}^*(t_m)+\varepsilon_{ma}(t_m)/J_{aS}^*(t_m)+p_0 \quad (i=1,3) \tag{4-17}$$

由上述各式可得，测量超过 6 个独立方向的滞弹性法向应变值，并根据试验得到 $J_{aV}^*(t_m)$，$J_{aS}^*(t_m)$ 则可由上述各式计算出主应力的大小。另外，式（4-16）指出当岩石被看作各向同性体时，主应力偏量的方向与滞弹性主应变偏量方向相同，而且主应力偏量的比值与滞弹性主应变偏量的比值相同。因此，主应力偏量的方向与主应力的方向和滞弹性主应变的方向都相同，主应力的方向可由滞弹性主应变的方向确定。

使用滞弹性应变恢复法进行地应力测量时，可按照如图 4-3 所示进行操作。

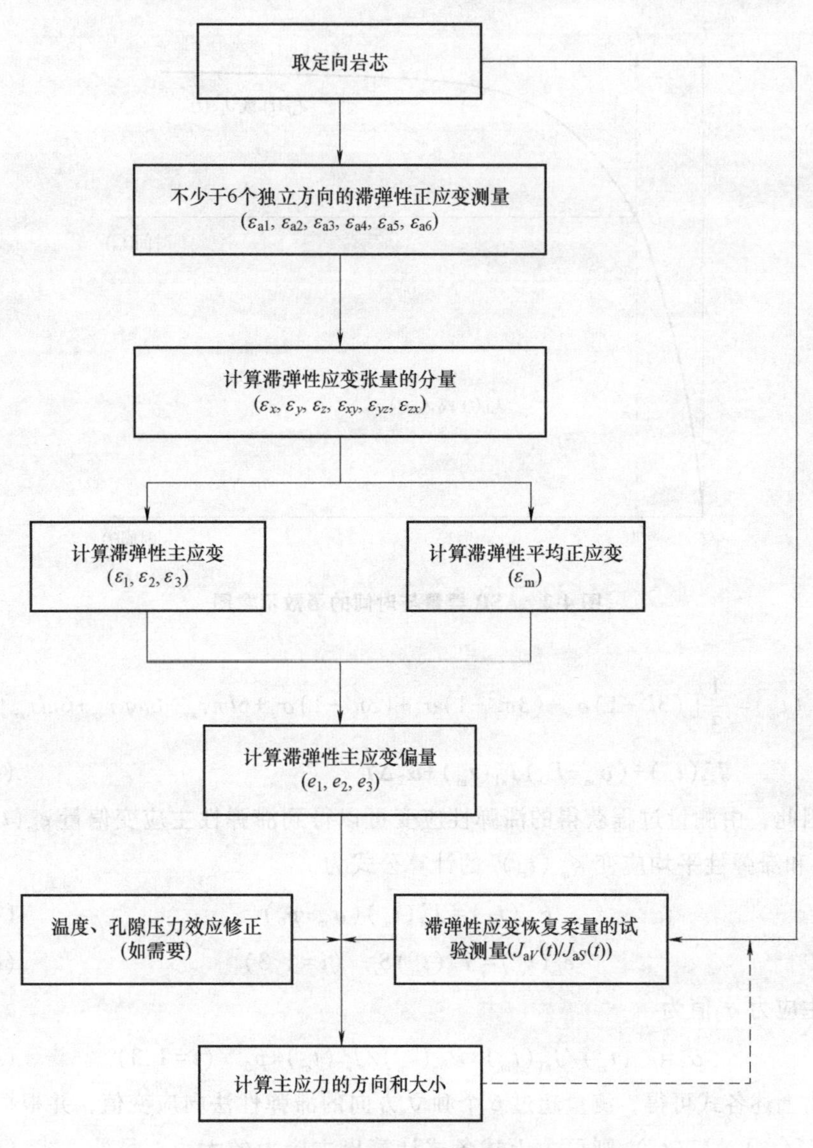

图 4-3　ASR 地应力测量方法的操作流程图

4.2.2　滞弹性应变恢复地应力测量方法的计算方法

在滞弹性变形应变测试完成后，仍需要使用滞弹性计算理论进行原位地应力值大小估算，具体计算步骤如下：

从钻孔中取出的岩芯（长度大于 150mm），经清洗后，按照滞弹性应变测试方案要求对岩芯表面进行打磨和应变花的粘贴，应变片共粘贴三组，沿被测岩芯横截面将圆周等分，即相邻两应变片的夹角均为 120°，岩芯坐标系选取及横截面应变片对应位置关系如图 4-4 所示。

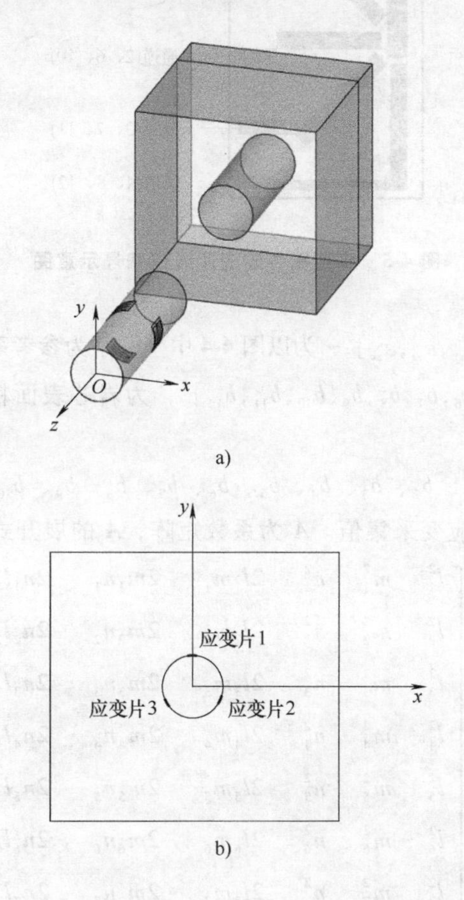

图 4-4　岩芯坐标系选取和应变片布片方式示意图

a）岩芯坐标系选取　b）应变片布片方式

每一个应变花均包含四个应变片，测量时应变花第一组按照图 4-5 所示，将应变片接入采集盒 1~4 通道，第二组应变花接入采集盒 5~8 通道，第三组接入采集盒 9~12 通道。

设岩芯坐标系如图 4-4 中 $Oxyz$ 所示，z 轴与岩芯轴向方向相同（图 4-4 垂直纸面指向外侧）。则粘贴在岩芯表面的应变花所测得的应变值与应变张量 ε_x、ε_y、ε_z、ε_{xy}、ε_{yz}、ε_{zx} 的关系式可写成为

$$A\varepsilon = b \tag{4-18}$$

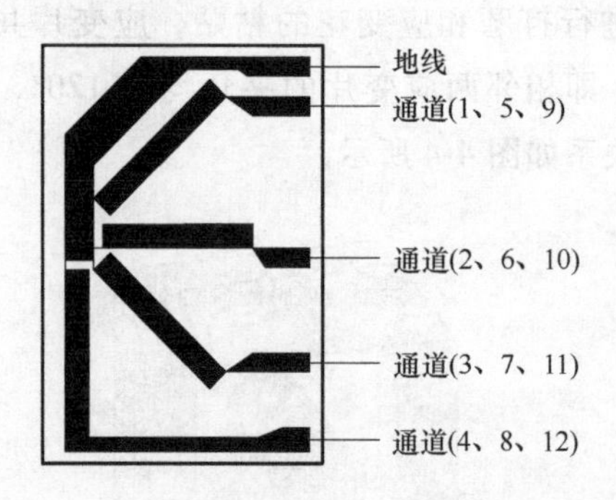

图 4-5　应变花各应变片通道编号示意图

式中，$\boldsymbol{\varepsilon}=[\varepsilon_x,\varepsilon_y,\varepsilon_z,\varepsilon_{xy},\varepsilon_{yz},\varepsilon_{zx}]^T$，为以图 4-4 中坐标系为参考系时的岩石应变张量；$b=[b_1,b_2,b_3,b_4,b_5,b_6,b_7,b_8,b_9,b_{10},b_{11},b_{12}]^T$，为岩芯表面粘贴的应变片测量的应变值。

在本次测量中 b_1、b_2、b_3、b_4、b_5、b_6、b_7、b_8、b_9、b_{10}、b_{11}、b_{12} 分别对应采集盒的 1～12 通道应变采集值。$\boldsymbol{A}$ 为系数矩阵，$\boldsymbol{A}$ 的展开式如下：

$$\boldsymbol{A}=\begin{bmatrix} l_1^2 & m_1^2 & n_1^2 & 2l_1m_1 & 2m_1n_1 & 2n_1l_1 \\ l_2^2 & m_2^2 & n_2^2 & 2l_2m_2 & 2m_2n_2 & 2n_2l_2 \\ l_3^2 & m_3^2 & n_3^2 & 2l_3m_3 & 2m_3n_3 & 2n_3l_3 \\ l_4^2 & m_4^2 & n_4^2 & 2l_4m_4 & 2m_4n_4 & 2n_4l_4 \\ l_5^2 & m_5^2 & n_5^2 & 2l_5m_5 & 2m_5n_5 & 2n_5l_5 \\ l_6^2 & m_6^2 & n_6^2 & 2l_6m_6 & 2m_6n_6 & 2n_6l_6 \\ l_7^2 & m_7^2 & n_7^2 & 2l_7m_7 & 2m_7n_7 & 2n_7l_7 \\ l_8^2 & m_8^2 & n_8^2 & 2l_8m_8 & 2m_8n_8 & 2n_8l_8 \\ l_9^2 & m_9^2 & n_9^2 & 2l_9m_9 & 2m_9n_9 & 2n_9l_9 \\ l_{10}^2 & m_{10}^2 & n_{10}^2 & 2l_{10}m_{10} & 2m_{10}n_{10} & 2n_{10}l_{10} \\ l_{11}^2 & m_{11}^2 & n_{11}^2 & 2l_{11}m_{11} & 2m_{11}n_{11} & 2n_{11}l_{11} \\ l_{12}^2 & m_{12}^2 & n_{12}^2 & 2l_{12}m_{12} & 2m_{12}n_{12} & 2n_{12}l_{12} \end{bmatrix}$$

式中，l_i、m_i、n_i为应变片轴相对坐标系 $Oxyz$（见图 4-4，坐标系）轴的方向余弦，由图 4-4 岩芯坐标系建立方式和图 4-5 应变花构造及粘贴方法可得各应变通道方向余弦的值见表 4-1。

表 4-1　各应变片通道对应岩芯坐标系方向余弦值

应变片对应通道	方向余弦		
	l_i	m_i	n_i
通道 1	0.7071	0	−0.7071
通道 2	1	0	0
通道 3	0.7071	0	0.7071
通道 4	0	0	1
通道 5	0.3536	0.6124	−0.7071
通道 6	0.5	0.8660	0
通道 7	0.3536	0.6124	0.7071
通道 8	0	0	1
通道 9	−0.3536	0.6124	−0.7071
通道 10	−0.5	0.8660	0
通道 11	−0.3536	0.6124	0.7071
通道 12	0	0	1

注：表中应变片对应通道表示应变片接入应变采集器的通道编号，l_i、m_i、n_i 表示应变通道对应坐标轴 x、y、z 轴的方向余弦。

将表中的数据代入 $\boldsymbol{A}$ 的展开式，可得系数矩阵 $\boldsymbol{A}$ 如下：

$$
\boldsymbol{A}=\begin{bmatrix}
0.5 & 0 & 0.5 & 0 & 0 & -0.5\\
1 & 0 & 0 & 0 & 0 & 0\\
0.5 & 0 & 0.5 & 0 & 0 & 0.5\\
0 & 0 & 1 & 0 & 0 & 0\\
0.125 & 0.375 & 0.5 & 0.217 & -0.433 & -0.25\\
0.125 & 0.375 & 0 & 0.433 & 0 & 0\\
0.125 & 0.375 & 0.5 & 0.217 & 0.433 & 0.25\\
0 & 0 & 1 & 0 & 0 & 0\\
0.125 & 0.375 & 0.5 & -0.217 & -0.433 & 0.25\\
0.125 & 0.375 & 0 & -0.433 & 0 & 0\\
0.125 & 0.375 & 0.5 & -0.217 & 0.433 & -0.25\\
0 & 0 & 1 & 0 & 0 & 0
\end{bmatrix}
$$

应变分量方程中的未知数 $n=6$，而独立方程个数 $m=10$（沿岩芯长轴方向三个应变片相同，即 4、8、12 通道数值理论上相同，因此有 2 个通道是重复的），可对上述超定方程组使用最小二乘法进行求解。使用最小二乘法对式（4-19）进行求解。

$$A^TA\varepsilon = A^Tb \tag{4-19}$$

因为

$$\varepsilon = (A^TA)^{-1}A^Tb \tag{4-20}$$

可由此解出应变分量 $\varepsilon = [\varepsilon_x, \varepsilon_y, \varepsilon_z, \varepsilon_{xy}, \varepsilon_{yz}, \varepsilon_{zx}]^T$

解下式方程组可得到主应变的大小：

$$\begin{bmatrix} \varepsilon_x-\lambda & \varepsilon_{xy} & \varepsilon_{xz} \\ \varepsilon_{yx} & \varepsilon_y-\lambda & \varepsilon_{yz} \\ \varepsilon_{zx} & \varepsilon_{zy} & \varepsilon_z-\lambda \end{bmatrix} \begin{Bmatrix} l \\ m \\ n \end{Bmatrix} = 0$$

上述线性齐次方程组，可用行列式系数为 0 进行求解，具体求解过程如下：

$$\begin{vmatrix} \varepsilon_x-\lambda & \varepsilon_{xy} & \varepsilon_{xz} \\ \varepsilon_{yx} & \varepsilon_y-\lambda & \varepsilon_{yz} \\ \varepsilon_{zx} & \varepsilon_{zy} & \varepsilon_z-\lambda \end{vmatrix} = 0$$

行列式展开为一元三次方程：

$$\varepsilon^3-(\varepsilon_1+\varepsilon_2+\varepsilon_3)\varepsilon^2+(\varepsilon_2\varepsilon_3+\varepsilon_3\varepsilon_1+\varepsilon_1\varepsilon_2)\varepsilon-\varepsilon_1\varepsilon_2\varepsilon_3=0 \tag{4-21}$$

式中，

$$\varepsilon_1+\varepsilon_2+\varepsilon_3=\varepsilon_x+\varepsilon_y+\varepsilon_z;$$

$$\varepsilon_2\varepsilon_3+\varepsilon_3\varepsilon_1+\varepsilon_1\varepsilon_2=\varepsilon_y\varepsilon_z+\varepsilon_z\varepsilon_x+\varepsilon_x\varepsilon_y-\varepsilon_{yz}^2-\varepsilon_{zx}^2-\varepsilon_{xy}^2;$$

$$\varepsilon_1\varepsilon_2\varepsilon_3=\varepsilon_x\varepsilon_y\varepsilon_z-\varepsilon_x\varepsilon_{yz}^2-\varepsilon_y\varepsilon_{zx}^2-\varepsilon_z\varepsilon_{xy}^2+2\varepsilon_{yz}\varepsilon_{zx}\varepsilon_{xy}$$

求解上述三次方程，即可求出主应变大小。

由滞弹性应变求主应力的大小可按照式（4-22）进行计算：

$$\sigma_i = e_t(t)/J_{aS}(t)+e_m(t)/J_{aV}(t)+p_0 \tag{4-22}$$

式中 $e_t(t)(i=1,2,3)$——滞弹性偏应变；

$e_m(t)$——滞弹性提应变；

$J_{aS}(t)$——偏滞弹性体应变恢复柔量；

$J_{aV}(t)$——体积滞弹性应变恢复柔量；

p_0——孔隙压力（Pa）。

通过室内恒载试验得到岩石滞弹性恢复柔量比 $J_{aS}(t)/J_{aV}(t)=k$，于是垂直应力可表示为

$$\sigma_v = \{[l_p^2e_1(t)+m_p^2e_2(t)+n_p^2e_3(t)]/k+e_m(t)\}/J_{aV}(t)+p_0 \tag{4-23}$$

式中 l_p，m_p，n_p——垂直主应力与三个主应变所在轴夹角的余弦值，同时垂直主应力可按式（4-24）利用上覆岩层自重进行估算：

$$\sigma_v = \rho g h \tag{4-24}$$

式中 ρ——岩层密度（kg/m^3）；

g——重力加速度（m/s^2）；

h——岩层厚度（m）。

联立式（4-21）~式（4-24），即可完成应力求解。

4.3 滞弹性地应力测量方法精度的改进

4.3.1 滞弹性应变数据采集设备

岩石滞弹性试验过程中滞弹性应变的准确采集是试验能否成功的控制条件之一，国内外学者针对滞弹性应变数据采集装置进行了长期的研发和应用。Wolter 和 Berckhemer（1989）使用图 4-6 所示装置对滞弹性应变进行采集，该装置包含三组径向位移传感器和一支轴向位移传感器，尽管该装置可以通过传感器记录的位移信息估算地应力值，但是该装置试验过程中需要传感器直接接触岩芯表面，岩芯试样不能进行有效的防护，因此由于试验环境温度变化和湿度变化等引起的误差应变值将无法剔除，导致测量结果产生较大的误差。

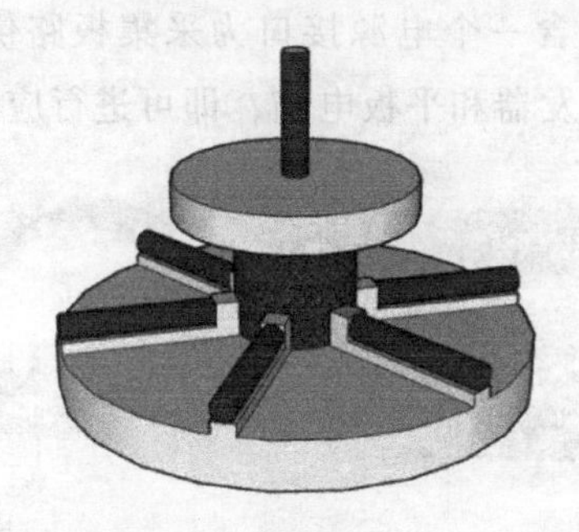

图 4-6　滞弹性应变测量装置（Wolter 和 Berckhemer）

日本学者 Matsuki 和 Takeuchi（1993）提出使用应变片进行滞弹性应变采集的方法，使用应变采集器进行数据读取，尽管该方法使用了补偿试块平衡温度引起的应变变化，但是并未考虑采集器由温度变化产生的采集系统误差值；我国学者王锦山、彭华等（2018）使用自主开发的测试系统进行现场滞弹性应变数据采集，该测试系统使用试件和补偿试件同时测量的方案进行误差补偿，试件和补偿试件同时放入恒温、低湿的水浴箱中，使用电脑进行滞弹性应变采集，该系统解决了滞弹性应变数据采集过程中由于环境变化导致的误差应变值，但是该系统使用时需建立现场实验室，并在试验现场提供交流电源支持各种设备运行，因此该方法仅能在现场各项条件满足的测点进行测试，其适用性受到一定的限制。

针对前述学者滞弹性试验应变采集装置研发和应用过程中存在的问题，以北京科技大学蔡美峰研究团队双温度补偿技术为基础，设计研发滞弹性应变现场采集系统。该采集系统不仅具备体积小、易操作等应用特性，而且可以通过温度补偿技术剔除由于环境温度变化导致的温度应变，提高测量精确度。滞弹性应变现场采集系统主要设计参数如下：

1）使用 ADuC847 集成芯片作为滞弹性应变数据采集板路（图 1-5c），采集板路尺寸为 125mm×25mm，板路共有 14 个采集通道，其中常规应变采集通道为 1~12，通道 13、14 可连接高精度的热敏电偶使用双温度补偿技术实现温度误差剔除，另外板路配备 RS232 和 RS485 两种数据接口，便于数据传输和板路采集参数控制输入。

2）滞弹性应变数据采集系统包含应变采集仪、接线端子盒、应变花、蓝牙 RS485 收发器、平板电脑等如图 4-7 所示。接线端子盒作为应变花应变通道与应变采集盒应变通道的连接装置，蓝牙收发器配合平板电脑作为应变数据接收和存储组件。采集仪包含三组板路通道接入插口，将采集板路通道按照 1~4、5~8、9~12 分布；采集盒包含一个电源接口为采集板路供电；还包含一个蓝牙收发器接口通过配合蓝牙收发器和平板电脑，即可进行应变数据读取。

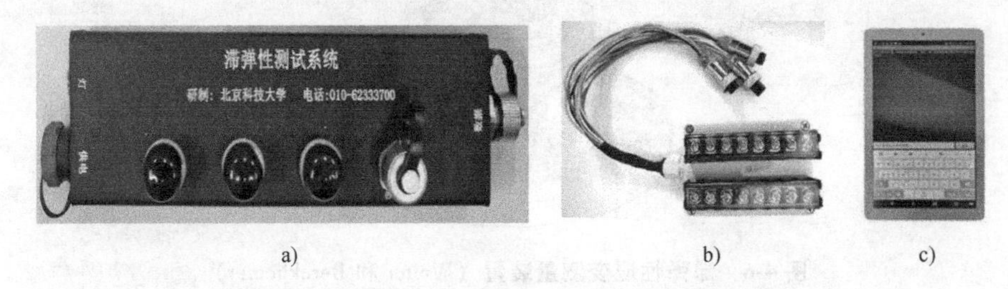

a)　b)　c)

图 4-7　滞弹性应变数据采集系统硬件设备图

a）采集仪　b）接线端　c）平板电脑

4.3.2　滞弹性变形参数室内标定试验

1. 滞弹性恒载仪

滞弹性应变恢复地应力测量方法应用时，剪切型滞弹性应变恢复柔量和体积型应变恢复柔量的比值通常采用估算的方法确定。

针对该参数的研究，Koji Matsuki（2007）开发了如图 4-8 所示试验装置，该试验装置使用静力加载，利用杠杆原理提升荷载施加能力，杠杆尺寸，如图 4-8所示。经过压力校验，Matsuki 试验装置杠杆比例为 28.9，可施加的最大荷载为 127kN。通过对剪切型滞弹性应变恢复柔量和体积型滞弹性应变恢复柔量的试验研究，Matsuki 得到岩石滞弹性应变恢复柔量与岩性、滞弹性应变恢复时间和岩石平均应力状态等影响因素的相关性，并提出一种考虑平均应力状态的滞弹性应变恢复法测量原位地应力的迭代算法。

尽管 Matsuki 研发的试验装置可以保证稳定恒载，且利用该装置得到了关于岩石滞弹性变形特征的相关成果，但是该试验装置为获得较大的加载能力，杠杆长度达到近 5m，如此长的杠杆在实验室需要在较大空间的进行试验，另外为了减小恒载施加过程中受弯变形长杠杆，需要一定的体积和质量作为保证，试验过程仪器操作不便。由于杠杆比例为 28.9，因此该试验装置进行高围压试验时只能使用较小截面岩芯进行试验。

高禄等（2012）使用具备伺服能力的岩石三轴试验机，在单轴应力条件下对砂岩、花岗岩和大理岩等多种试验样品进行了岩石滞弹性变形参数研究，对两单元开尔文模型进行改进，通过试验测量确定了不同岩样的滞弹性应变恢复柔量，但是该方法使用三轴试验机进行长效恒载，受制于三轴试验机无法长时间持续开机使用的影响，最长加载时间仅持续 48h，因此该试验结果与实践中滞弹性应变恢复变形往往持续约一周的工况并不相符。

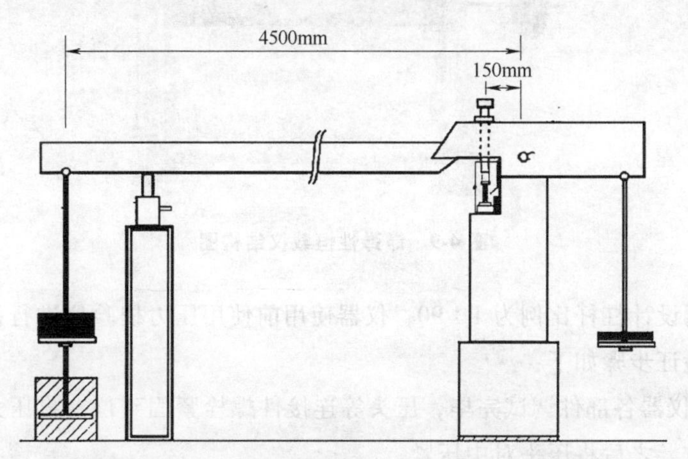

图 4-8　单轴恒载试验装置（Koji Matsuki，2007）

尽管前述学者利用静载试验机和三轴试验机对岩体的滞弹性应变恢复柔量进行了研究，但受制于试验设备，其试验操作过程和试验结果都受到一定程度的影响，因此开发出一套适合滞弹性理论研究的试验设备是滞弹性研究的重要前提。

由滞弹性试验加载过程可知，恒载仪器需要具备长时间准确载荷施加能力，因此设计时可以考虑使用静力加载，Koji Matsuki 试验仪器发现使用杠杆进行静力加载的方式是一种有效可行的试验方法，但是较大的杠杆会造成试验空间需求较大、杠杆刚度和强度要求导致的杠杆重量过大等问题，因此，本文参考法国纳维尔试验室多级杠杆土固结试验仪，设计并研发出一套可应用于滞弹性试验的两级杠杆滞弹性恒载仪，仪器主要结构如图 4-9 所示。

恒载仪设计尺寸为 140cm×30cm×135cm（长×宽×高），框架立柱下部使用三角撑保证加载框架的强度及稳定性符合试验要求，荷载施加框架可加载试样尺寸为高度 0~40cm，回转半径为 0~10cm，杠杆加载行程为 0~5cm。即自主研发的滞弹性变形试验仪器体积较小，杠杆比例大，可在较小空间内对多种尺寸岩芯进行长效恒载试验，满足岩石滞弹性试验相关要求。

图 4-9　滞弹性恒载仪结构图

该仪器设计杠杆比例为 1∶90，仪器使用前使用压力校验仪进行杠杆比例验证，具体验证步骤如下：

1）将仪器各部件调试完毕，压头等连接件螺栓紧固到位，将压力校验仪置于压头下方，之后将压头对中压紧。

2）将压力校验仪示数清零，将质量为 1kg（实际质量 0. 998kg）砝码置于恒载仪加载挂钩处。

3）读取压力校验仪加载后示数，计算恒载仪杠杆比例。

杠杆比例验证试验示意如图 4-10 所示，通过加载试验测得恒载仪杠杆比例为 90.5 与设计值偏差较小。

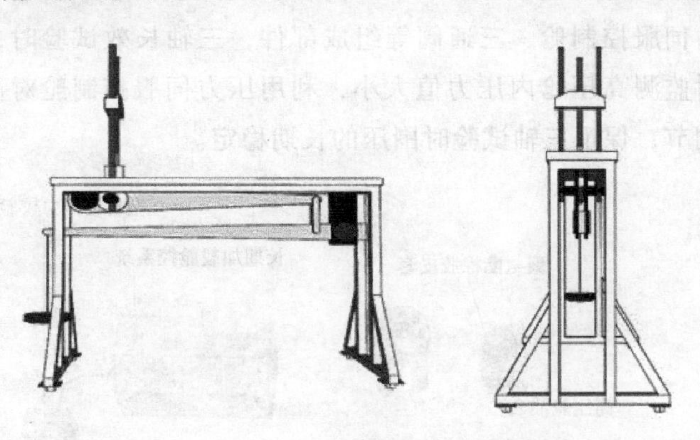

图 4-10　滞弹性恒载仪杠杆比例试验相关图

滞弹性恒载仪采用静力加载方式，设计砝码质量及砝码个数见表 4-2，设计荷载范围为 0~43.2kN，由于压头自重及设备各部件摩擦等因素影响，实际荷载范围为 3~46.2kN，加载时岩芯截面直径可由现场取芯直径自由选取，当岩芯截面直径为 30mm 时，可施加 4.244~61.115MPa 的单轴压力。

表 4-2　滞弹性恒载仪设计砝码质量及个数表

砝码质量/kg	轴向荷载/kN	数量（个）
1	0.9	8
4	3.6	4
8	7.2	1
16	14.4	1

滞弹性恒载仪底部有自走滑轮便于移动，当仪器需固定位置进行试验时可应用滑轮自锁装置锁定滑轮位置，使仪器在试验时不产生移动。滑轮设计和自锁装置组合，有效增加了试验仪器放置的灵活性，可结合实验室具体情况选择合适试验区域。

滞弹性恒载仪包含半球形垫块、半球形压头、普通垫块等配件。进行试验时，半球型压头和半球形垫块能够有力保证压杆施加竖直向下的荷载，有效减少荷载施加时偏心程度。具体试验时应结合试样大小及加载荷载范围选择合适的配件进行加载和试验，保证荷载施加准确可靠。

滞弹性恒载仪加载框架下可配合高压舱进行三轴恒载试验，相关设备如

图4-11所示，使用高压舱为试样提供围压，高压舱为自主研发，围压范围0~170MPa，通过高压油泵为高压舱提供压力；长期加载控制系统包含全自动压力校验仪、压力伺服控制舱、三通阀等组成部件，三轴长效试验时，全自动压力校验仪可实时监测高压舱内压力值大小，利用压力伺服控制舱对高压舱围压大小进行实时调节，保证三轴试验时围压的长期稳定。

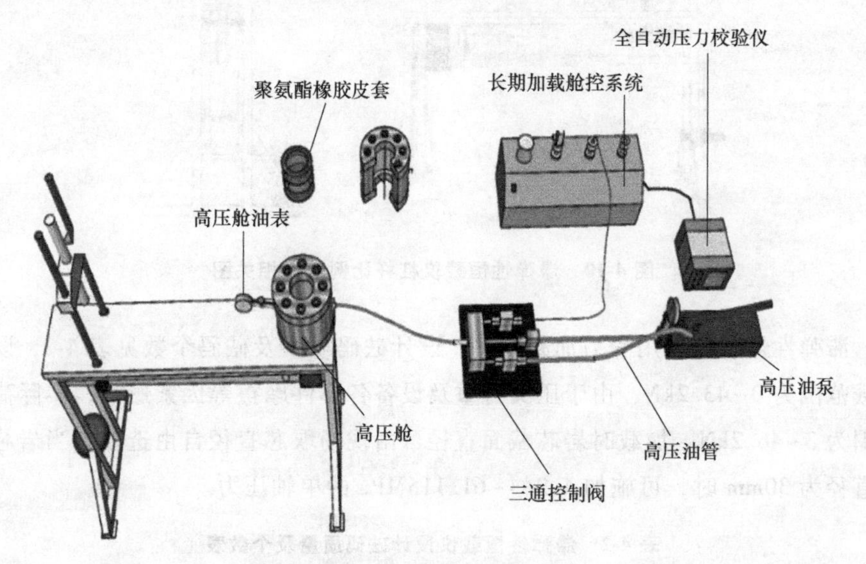

图4-11　三轴恒载试验示意图

2. 滞弹性单轴试验方案

（1）试验设备　滞弹性单轴加载试验的主要设备是滞弹性恒载仪和滞弹性应变采集仪，辅助器材包括球型支座、球型压头、活动扳手、秒表等。

（2）试验操作步骤

1）试样制备。试样一般采用圆柱体，试样直径可由钻孔直径和钻孔取芯长度确定，但应符合试件的长度和直径之比为2∶1~3∶1，根据项目实际取芯情况，本书使用56mm×112mm和30mm×60mm两种圆柱体试样进行单轴恒载试验，且每个测点取芯制作的试样均不少于3块。

试样的制备要求：试样均来自钻孔岩芯，使用打磨机械和钻机进行二次加工，试件备制中不允许人为裂隙出现。当试样尺寸不采用标准尺寸50mm×100mm圆柱体时，高径比必须保持在2∶1~2.5∶1。试样数量应根据所要求的受力方向和加工情况具体而定，一般情况下应制备3块。

试样制备的精度：在试样的整个高度上，直径误差不应超过0.3mm，两端面的不平整度不超过 0.05mm，端面应和试样轴线垂直，最大偏差不应超过 0.25°。

2）试样贴片处理。根据滞弹性应变数据采集试验的需求，设计电阻应变片布局如图 4-12 所示，沿岩芯试样轴线中点位置环形均匀布置三组环向应变片和轴向应变片，轴向应变片垂直于环向应变片并粘贴在环向应变片中间位置。

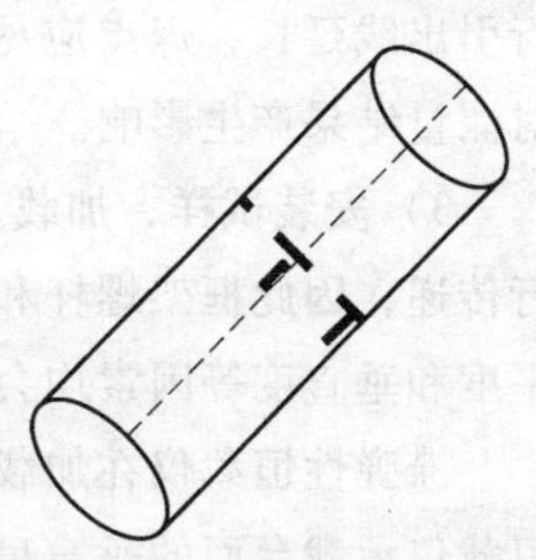

图 4-12　滞弹性单轴恒载试验应变片布局

应根据应变片的外观选择应变片，去除掉敏感栅有形状缺陷、应变片内存在气泡、锈斑的应变片，再使用万用表测量应变片的电阻值是否符合设计要求，粘贴于同一试样上的应变片应来源于同一包装袋中，且三组应变片中任意抽取两片其阻值差异应不超过 0.5Ω。在应变片拿取和放置过程中，应避免使用镊子等硬物夹持应变片敏感栅部位，避免人为损伤应变片栅格，另外应变片粘贴过程中应尽量不使粘贴面与未清洁物品接触，避免造成污染。

使用水磨砂纸打磨试样表面应变片粘贴位置，应变片粘贴的方向和砂纸打磨的方向成 45°交叉，打磨面积应远超应变片面积。

使用酒精擦拭打磨表面，直到擦拭棉球表面不变色为止，用记号笔画出应变片粘贴具体位置的框线，框线面积应比应变片面积稍大，之后再使用酒精棉擦拭贴片位置，并保持擦拭过的表面不与其他物品接触。

将胶结剂（AB 胶或者 502 胶）均匀涂抹在应变片粘贴位置，并将应变片粘贴面涂抹一层胶结剂，之后迅速将应变片放置于粘贴部位，适当移动应变片使胶结剂分布均匀，使用聚四氟乙烯薄膜放置在应变片上并用手指按压应变片 1min，手指按压时应保持应变片位置固定，不产生错动，按压完成后观察应变片是否粘结牢固，若应变片粘贴面留有气泡或应变片四角粘贴不牢固，应对四角进行补胶进行二次粘贴，对二次粘贴后粘结效果仍不好的应变片应使用刀片刮除，并重复之前的打磨和贴片工序进行重新粘贴，应变片粘贴完毕后在应变片上表面涂抹一层胶结剂保证胶结质量的同时对应变片进行有效防护。

应变片粘贴完毕待胶体完全固结后，使用万用表读取应变片阻值，若应变片阻值与原阻值产生误差，应检查粘贴过程中是否导致应变片连接导线出现断路和短路等问题，若问题不能及时排除，应将对应应变片刮除并重新贴片，贴片步骤与 2）相同。

将应变片引出线涂抹胶结剂或套热缩管进行绝缘，之后使用烙铁和焊锡进行引出线延长，焊点应尽可能小且连接牢固，引出线不宜过长，避免导线线阻对测量结果产生影响。

3）安装试样、加载。由于滞弹性恒载仪砝码自重荷载由螺杆和框架横梁进行传递，因此框架螺杆和框架横梁螺栓连接部位的锁死限位和横梁及螺杆的水平度和垂直度等因素均会导致荷载偏心等问题存在。

滞弹性恒载仪在加载时为保证加载框架横梁的水平度以及竖直方向螺杆与恒载仪承载台面的垂直度，使用直角量规和水平尺进行角度控制；具体加载步骤如下：

人工抬起滞弹性恒载仪加载杠杆，使用直角量规控制竖直螺杆与恒载仪支撑台面垂直如图 4-13a 所示，紧固恒载仪螺杆与支撑台面之间螺栓将螺杆固定在台面上，使用水平尺放置于滞弹性恒载仪横梁上部；调节横梁左右两端螺栓使横梁水平，之后紧固螺栓保证横梁位置固定，如图 4-13b 所示；使用加载螺杆上下端螺栓调节加载螺杆长度使其装备压头后能刚好接触试样表面，如图 4-13c 所示。

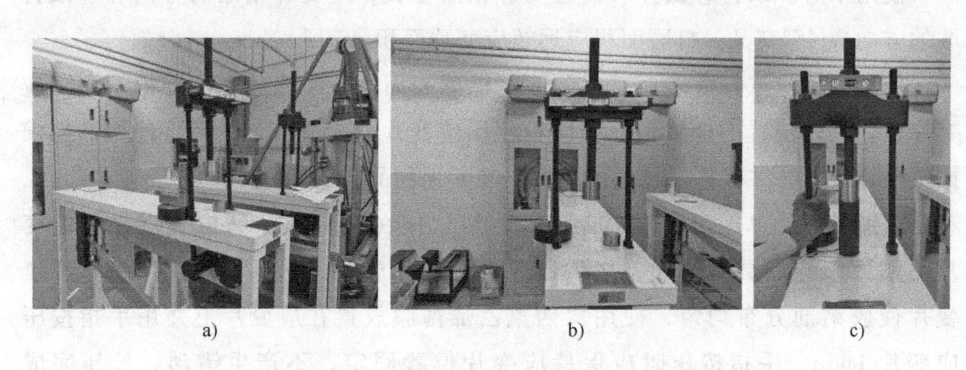

a) b) c)

图 4-13　滞弹性恒载仪加载前框架调整

a）框架螺杆垂直度调节　b）横梁水平度调节　c）加载高度调节

针对荷载滞弹性恒载仪的结构特点，首先使用半球型连接的压头进行加载对中控制，半球型压头如图 4-13a 所示，试样底座支承方式通过使用半球形支座和使用平面支座对比试验进行选择，两种试验方案如下：

试验前，在同一批次岩石试样中选取两块品质较好岩样作为试验试样，岩芯选取完毕后按照本节前述贴片要求对砂岩试样进行处理、贴片，贴片完成后的试样，如图 4-14 所示。

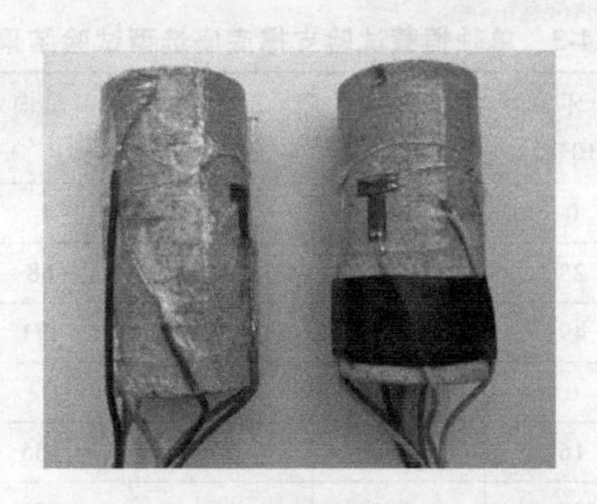

图 4-14　四川黄砂岩试样应变片布局图

试验方案一：滞弹性恒载仪框架进行调整之后将试样使用加载螺杆、普通压头和平面支座作为支撑，预压完成如图 4-15a 所示，将应变片引出线与应变采集器各采集通道连接完毕，滞弹性应变采集器设置采集间隔为 1min/次，待采集数据稳定后（前后组数据相对应变值小于 10 个微应变），施加 5MPa 轴向压力，使用平板电脑进行连续数据采集，待数据稳定后施加轴压至 10MPa，采集数据至稳定状态完成试验。

试验方案二：滞弹性恒载仪框架进行调整之后将试样使用加载螺杆、半球压头和半球形支座预压完成如图 4-15b 所示，后续步骤同试验方案一。

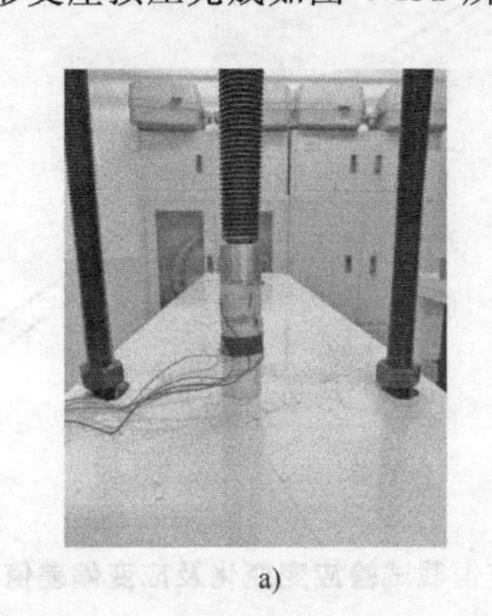

a）

b）

图 4-15　单轴恒载试验支撑底座选型试验

a）平面支座试验　b）半球支座试验

试验结果见表 4-3，两种试验方案轴向、环向应变变化平均值和轴向应变平均值与环向应变平均值的偏差值（半球形垫块所得应变平均值减去平面垫块所得应变平均值的绝对值）如图 4-16 所示。

表 4-3 单轴恒载试验支撑底座选型试验结果表

支撑方式	荷载/MPa	A 环向(10^{-6})	A 轴向(10^{-6})	B 环向(10^{-6})	B 轴向(10^{-6})	C 环向(10^{-6})	C 轴向(10^{-6})
平面垫块	0	0	0	0	0	0	0
	5	28	-413	9	-68	69	-641
	10	49	-765	17	-171	107	-1187
半球形垫块	0	0	0	0	0	0	0
	5	16	-379	6	-135	44	-540
	10	39	-748	13	-308	90	-978

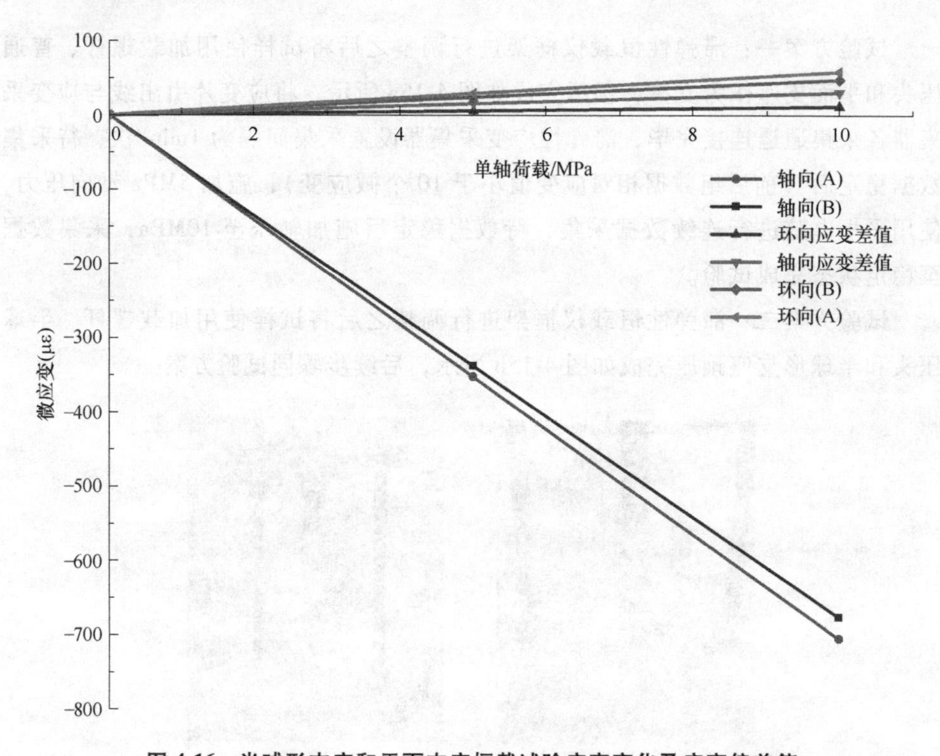

图 4-16 半球形支座和平面支座恒载试验应变变化及应变偏差值

由表 4-3 和图 4-16 可知使用两种不同垫块支撑试验，当荷载每施加 5MPa 时，环向差异约为 11.83με，轴向差异约为 26.17με，参照表 4-3 试验时轴向应变变化的量级，可得该偏差值仅占总应变量的 1%，因此两种支撑方式试验过程中的应变差异可忽略不计。考虑实际试验过程中半球形支座支撑时恒载仪加载框架调节时由于支座滑移难以进行对中，因此建议使用滞弹性恒载仪进行单轴恒载试验时选用平面支座作为试样底部支撑进行试验。

试样安装时，应在试样端面和与试样接触的半球形压头和底部平面支座接触表面涂抹硬质酸钠，硬质酸钠使用凡士林和硬脂酸质量比1：1混合，充分搅拌后，放入恒温箱中加热至70℃并保持恒温6h，待凡士林和硬脂酸融化并沉淀完全，趁热除去浮沫，放入室温下冷却，最终形成白色油状固体。硬质酸钠润滑作用强于凡士林，可有效减少加载时的端部效应。

滞弹性恒载仪框架调节完成并将试样、压头和支座涂抹硬质酸钠润滑剂之后，将试样置于压头下方，重复上述1)、2）步骤将压头施加荷载准确对中的施加于试样之上完成预加载。

试验过程中使用砝码进行静力加载，加载时应轻拿轻放，将砝码置于荷载挂钩瞬间应适当抬起加载杠杆，避免砝码施加时产生冲击作用，加载完成后缓慢放下加载杠杆。

4）试验数据采集和存储。预加载完成后，将应变片引出线与滞弹性采集器对应通道相连，采集器设置采集频率为1min/次，由各应变片数据判断应变片连接是否正常，预加载阶段采集数据5~10组，待示数稳定后正式加载。

试验时加载过程使用分级加载，每一级快速施加5MPa荷载，施加完成后使用采集器读取对应荷载应变数据，待数据稳定后再继续进行下一级加载过程，直至荷载施加至预定值，加载完成后将加载阶段应变数据值提取保存，该阶段数据可用来计算试样的物理力学参数。

荷载施加完毕后，由于岩石的滞弹性变形在初期更明显，因此加载完成后将采集器采集频率设置为10min/次，并保持24h，之后将采集器采集频率设置为30min/次，加载时间共保持72h以上，加载期间每天提取并保存采集器数据。

加载完成后，迅速去除滞弹性恒载仪加载砝码完成卸载，卸载完成后，保持其余试验条件不变，进行卸载数据读取，由滞弹性应变采集器数据组数确定卸载段数据起始位置，卸载初期采集器设置时间间隔为10min/次，48h后设置时间间隔为30min/次，卸载试验持续约7d（168h），卸载期间每天提取并保存采集器数据。

5）注意事项。试验前应锁紧滞弹性恒载仪底部滑轮保证试验期间仪器位置固定。

滞弹性恒载仪单轴加载和卸载期间试验环境应尽可能减少人为活动，避免触碰等对试验结果产生影响。

试验前应提前进行单轴抗压强度试验，对岩芯试样单轴强度有准确判定，单轴恒荷载施加较大时还应使用防护罩围护岩芯试样，避免产生脆性破坏岩屑飞射造成危险。

3. 滞弹性双轴试验方案

（1）试验设备　滞弹性双轴加载试验设备包含高压舱、高压油泵系统、长期加载系统、全自动压力校验仪等。高压舱使用热处理钢材为主要材质，使用特制橡胶皮套配合高压油泵进行加压，如图 3-13 和图 3-14 所示。

（2）试验操作步骤

1）试样准备。双轴试验试样取自现场滞弹性试验岩芯，如图 4-17 所示，试验前应保证岩芯表面基本光滑，无锋利突出物，避免损伤高压舱皮套；岩芯应变片应粘接牢固并涂抹胶结剂覆盖应变片表面，使用应变采集器进行应变读取，各应变片应正常工作。同一岩芯表面粘贴两组应变片，试验时连接两个滞弹性应变采集器进行滞弹性应变数据采集，试验前应对两个应变数据采集器分别进行数据预采集，通过读取预采集数据，判断岩芯表面应变片是否连接正常以及应变采集器是否正常工作。

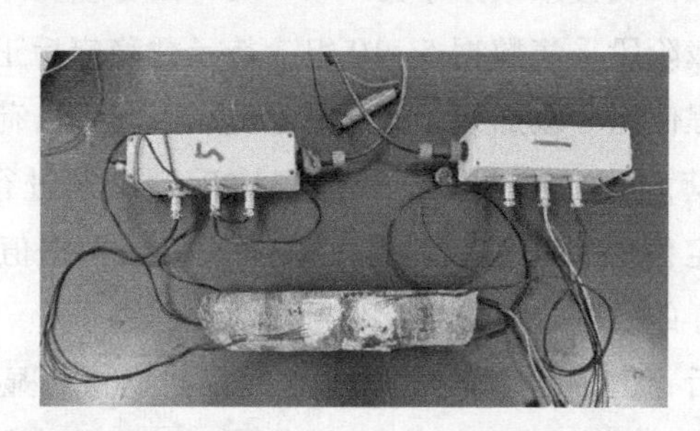

图 4-17　滞弹性双轴加载试验岩芯试样

2）试样安装、加载。试验前先根据橡胶皮套外观及形状选择橡胶皮套，避免使用橡胶老化和有明显裂纹的皮套，打开高压舱单侧盖板，将橡胶皮套放入高压舱压力容室，之后将岩芯试样放入高压舱橡胶皮套内如图 4-18 所示，将岩芯两组环向应变片引线由皮套与试样间隙中引出，引线应尽量均匀分布。

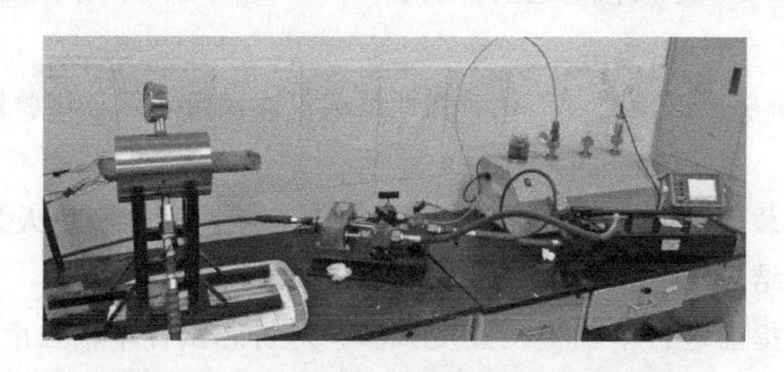

图 4-18　长期伺服控制稳压双轴加载试验过程

试验开始前将岩芯试样下侧与高压舱橡胶皮套接触位置使用薄垫片垫起，避免重力因素导致岩芯试样与皮套下部接触造成皮套上部加压时变形较大压力分布不均。

正确连接双轴试验系统各验设备之间的高压油管，如图 4-18 所示。试样安装完毕后关闭三通回油阀和长期加载舱控系统阀门，打开高压舱排气孔，使用高压油泵进行加压排出高压舱压力室内的气体，排气时高压舱所处位置应高于高压油泵且排气孔所处位置应竖直向上，持续按压油泵直至排气孔内有液压油均匀流出且无任何气泡则表明空气排出完毕，此时关闭排气孔阀门。

高压舱排气完毕后使用高压油泵进行加压，加压时加载速度不宜过快，加压至高压舱高压油表示数与双轴预设压力接近时停止加压，关闭三通阀调节面板与高压油泵相连的阀门。

3）围压伺服控制。高压油泵加压完成后开始设置长期加载系统，首先打开压力控制舱排气阀，使用压力校验仪控制面板控制伺服电机反转至初始位置，保证正式加压时伺服电机行程足够。

使用压力校验仪控制面板输入较小初始压力排出压力控制舱内空气，关闭排气阀，之后使用控制面板输入双轴预设压力值，控制舱伺服电机将迅速将压力控制舱压力升至预设值，之后打开三通阀面板上与长期加载舱控系统相连阀门，此时高压舱油表与压力校验仪显示压力值将迅速同步并接近预设压力值。

全自动压力校验仪将根据双轴加压系统压力值进行伺服控制，通过调节伺服电机的正反转控制高压舱内压力，使高压舱压力保持在预设压力值。双轴试验时要保证全自动压力校验仪电源连接稳定。

保持长期加载系统常开状态，保持双轴加载围压值长期稳定，长期伺服稳压双轴加载试验设备运行情况如图 4-18 所示。

4）数据采集和存储。高压舱排气完成后将应变片引线与应变采集器相连，使用油泵进行加压期间设置采集器数据采集频率为 1min/次，直至长效加载舱控制系统伺服完成，高压舱油表显示压力达到预设值。

双轴压力达到预设值时将采集器数据采集频率设置为 10min/次，并保持该采集频率 24h，之后设置采集频率为 30min/次，双轴恒载持续时间应超过 72h，双轴加载期间每天提取并保存采集器数据。

加载完成后，打开三通阀与排油管连接阀门完成卸载，卸载完成后，保持其余试验条件不变，进行卸载数据读取，由滞弹性应变采集器数据组数确定卸载段数据起始位置，卸载初期采集器设置时间间隔为 10min/次，48h 后设置时间间隔为30min/次，卸载试验持续约7d（168h），卸载期间每天提取并保存采集器数据。

5）注意事项。岩芯试样在高压舱内安装完毕后和高压舱排气完成后，都应及时使用应变采集仪提取数据，通过各通道应变数据值判断应变片连接状态，若部分应变片由于受压力影响出现问题应及时排除。

双轴恒载试验期间，应尽量避免试验系统被人为触碰影响，避免由于各阀门被触碰引起危险。

卸载时应先打开回油阀门和高压舱排气阀，并且应该使高压舱所处位置高于高压油泵位置，已达到更快速彻底的回油。

双轴加载围压较大时应使用防护罩，避免岩石受压产生破坏岩芯碎屑飞射造成事故。

(3) 数据处理　由滞弹性双轴恒载试验加、卸载过程中采集器采集和存储的数据，可得到加载阶段和卸载阶段应变-时间曲线。将试验数据应用滞弹性理论分析计算可得到岩芯试样的滞弹性参数，并利用滞弹性应变恢复理论使用该参数估算现场原位地应力状态。

(4) 双轴试验系统性能试验及应变片受压测试　由于双轴试验系统包含较多压力舱室，且需要自动伺服装置，因此需提前对双轴长效加载系统稳定性以及应变片双轴受压后应变能力进行测试。双轴试验系统稳定性测试，具体试验过程如下：

1）试样选取及准备。针对双轴试验系统性能及应变片受压测试，取自现场滞弹性试验岩芯，对应变花进行受压性能测试，试样沿圆周对称粘贴两组应变花，每组应变花沿轴线方向均匀分布。

2）试验过程。试验具体操作流程和步骤严格按照本节前述岩石滞弹性试验双轴实施方案进行。试验时围压为30MPa，双轴恒载试验系统压力自动伺服系统工作正常，高压舱压力稳定保持，共计恒载时间为131h，双轴恒载期间使用室内滞弹性应变采集器配合平板电脑进行数据采集和存储。

4. 温度标定试验

岩芯滞弹性性恒载试验完成后，需将岩芯和滞弹性应变采集器置于高低温恒温箱中进行温度标定试验，温度标定试验可得到采集器应变通道、应变片、胶体以及岩石耦合体的温度系数，记录试样各通道温度系数，通过温度系数和试验时温度通道热敏电偶记录的环境温度变化值可剔除由环境误差造成的温度误差。

5. 试验数据处理

得到加载和卸载阶段应变-时间曲线后，应用滞弹性理论分析计算可得到岩芯试样的滞弹性参数，利用该参数可将滞弹性应变恢复理论应用于地应力矢量分析。基于滞弹性应变恢复法的理论，以川藏铁路伯舒拉 2 号（以下简称 BSL-2）测点为例，介绍滞弹性变形参数室内标定试验数据处理过程。

（1）滞弹性应变数据现场采集　针对从原位状态解除后的岩芯，滞弹性应变初期变化迅速，测试后期基本保持不变，3～7 天内滞弹性应变达到稳定值的特点，测点岩芯滞弹性应变现场采集测试持续时间为 1 周左右，使用滞弹性应变采集仪，如图 4-15 所示。采集和存储现场岩芯滞弹性应变数据，提取各采集仪滞弹性应变数据分析处理可得到滞弹性应变-时间曲线，如图 4-19 所示。

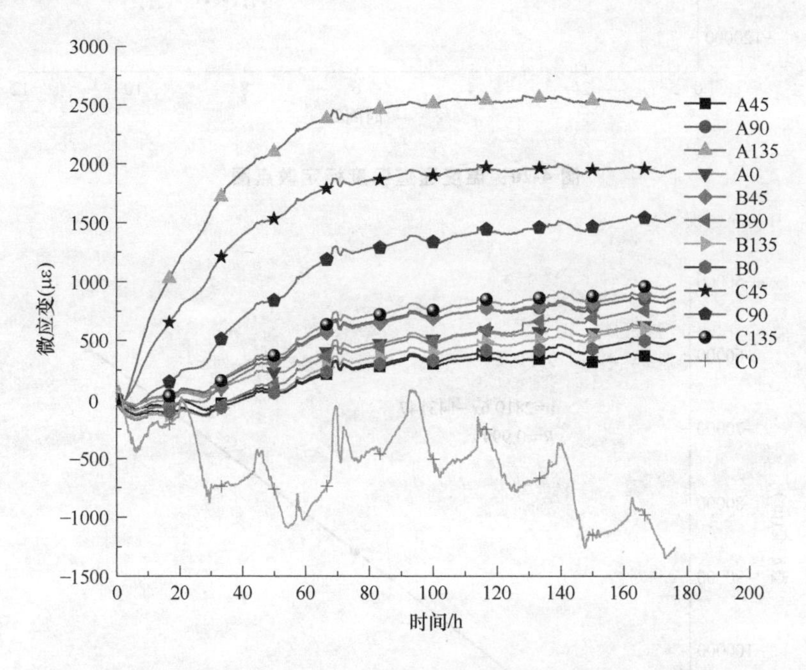

图 4-19　BSL-2 测点原位回弹原始数据图

（2）温度标定数据　基于温度标定试验操作的介绍，完成测点温度标定试验，测量和标定结果如图 4-20 所示

根据图 4-20 所示标定结果，最终得到温度通道的温度系数为 2810. 6/℃，温度通道随温度变化产生的温度通道示数变化拟合图如图 4-21 所示。

通过温度标定试验可得岩芯各通道系数见表 4-4 和表 4-5。

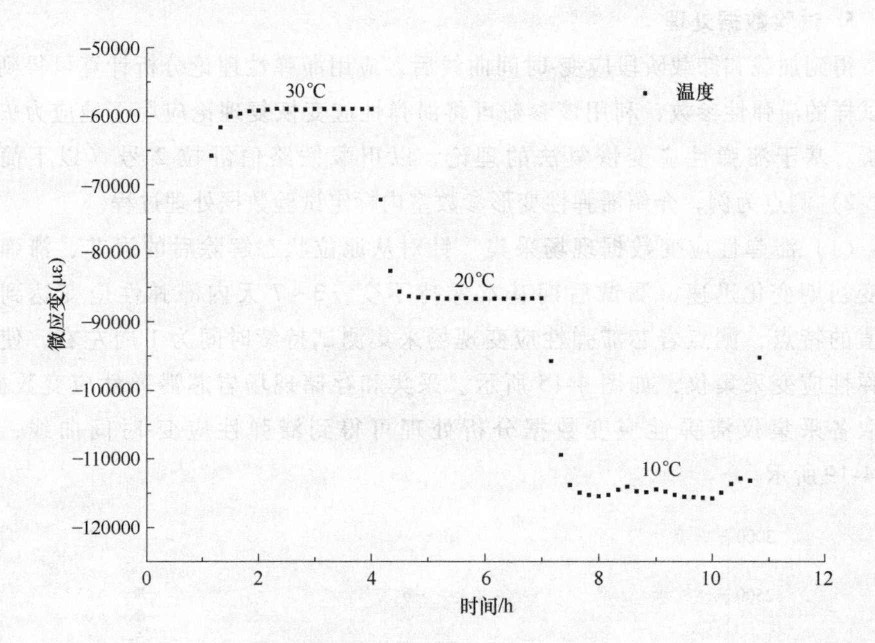

图 4-20 温度通道温度标定散点图

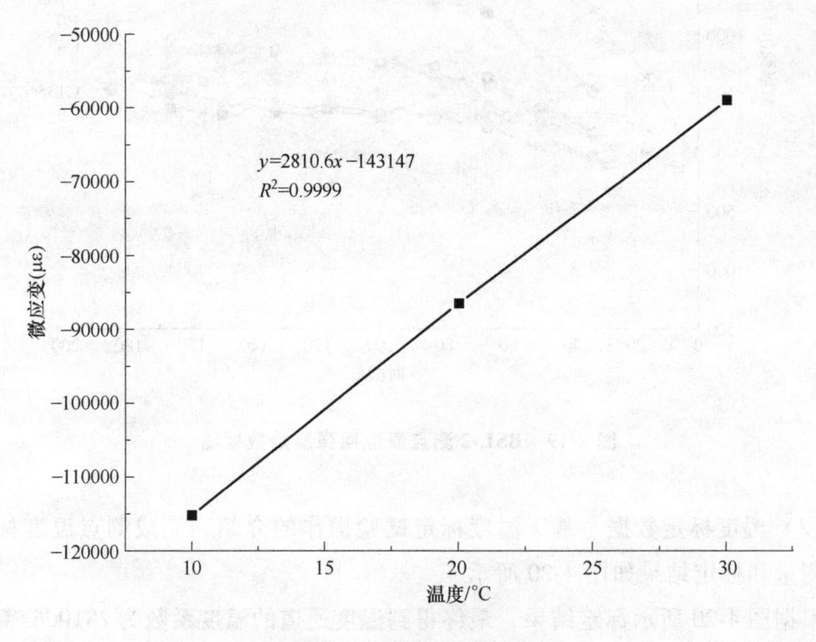

图 4-21 温度通道系数拟合图

表 4-4　测点各通道温度系数标定结果表

测点编号	应变通道序号											
	A45	A90	A135	A0	B45	B90	B135	B0	C45	C90	C135	C0
BSL-2	-26	-23	-23	-25	-24	-23	-23	-25	-19	-17	-14	-20

表 4-5　BSL-2 岩芯试样滞弹性应变采集器温度标定结果表

T	*N*											
	A45	A90	A135	A0	B45	B90	B135	B0	C45	C90	C135	C0
10℃	1770	717	1396	945	2407	1730	1123	1261	-40	-71	-315	209
20℃	1509	473	1156	698	2168	1504	299	1035	-225	-240	-457	17
30℃	1245	259	933	448	1920	1275	656	764	-420	-414	-597	-192
K	-26	-22.9	-23	-24.9	-24	-22.8	-23	-24.9	-19	-16.8	-14	-20.0

注：表中 *N* 表示滞弹性应变采集器采集通道编号，*T* 表示温度标定时温度设定值（10~30℃，共设计三个温度段，相邻温度段温度增量为 10℃），*K* 表示各通道当温度变化 1℃ 时引起的温度误差应变大小。

（3）岩石的非弹性应变恢复柔度计算　基于上述说明，为计算岩石的非弹性应变恢复柔度，先将岩芯试样（取自 BSL-2 测点）进行滞弹性变形参数室内试验，加载时先使用 5MPa 恒载约 96h，之后将恒载压力提升至 15MPa 并保持约 106.5h，试验加载过程完成后立即进行卸载，卸载后滞弹性应变恢复数据采集约 72h。

岩芯试样加卸载过程完成后，对岩芯、应变片及滞弹性应变采集仪耦合体进行温度标定试验，温度标定试验可得到各应变通道的温度系数见表 4-5。

单轴加卸 15MPa 全过程，如图 4-22 所示。

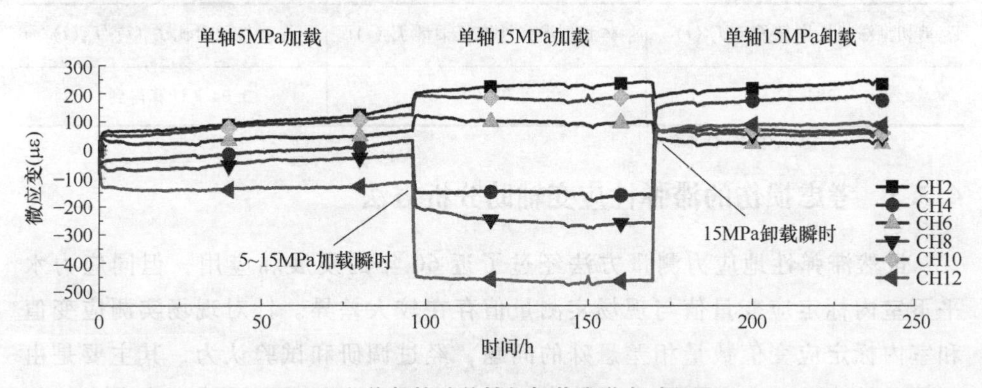

图 4-22　伯舒拉岭单轴加卸载滞弹全过程图

对于常规三轴压缩试验（$\sigma_2=\sigma_3=$围压），ASR 柔量为

$$J_{aV}(t)=\frac{\varepsilon_{1a}+2\varepsilon_{3a}}{\sigma_1+2\sigma_3},J_{aS}(t)=\frac{\varepsilon_{1a}-\varepsilon_{3a}}{\sigma_1-\sigma_3} \tag{4-25}$$

式中 σ_1——最大主应力（Pa）；

σ_3——最小主应力（Pa）；

ε_{1a}——轴向非弹性恢复应变；

ε_{3a}——环向非弹性恢复应变。

基于式（4-25），地应力测量中采用滞弹性恒载仪单轴加载标定岩芯的滞弹性应变恢复柔量，可求得剪切型滞弹性应变恢复柔量与体积型滞弹性应变恢复柔量的比值，见表 4-6。

表 4-6 剪切型滞弹性应变恢复柔量与体积型滞弹性应变恢复柔量比

恒载应力/MPa	5	15	0
$J_{aS}(t)/J_{aV}(t)$	4.23	1.50	3.38

由于滞弹性应变恢复柔量为岩石的固有属性，因此通过计算试验中各阶段得到的比值的平均值，可得到 BSL-2 测点处岩芯试样剪切型滞弹性恢复柔量与体积型滞弹性恢复柔量的比值为

$$J_{aS}(t)/J_{aV}(t)=\frac{4.23+1.50+3.38}{3}\approx 3.04$$

从而结合式（4-12）和式（4-13）计算得到 BSL-2 测点柔量计算结果，见表 4-7。

表 4-7 BSL-2 测点滞弹性柔量计算结果整合表

剪切型滞弹性恢复柔量 $J_{aS}(t)$	体积型滞弹性恢复柔量 $J_{aV}(t)$	滞弹性柔量比 $J_{aS}(t)/J_{aV}(t)$
284.72	93.97	3.04（计算得到）

4.3.3 考虑损伤的滞弹性应变辅助分析方法

虽然滞弹性地应力测量方法经过了近 60 年的发展和应用，但同应力水平下室内标定应变量值与现场实测量值存在较大差异。针对现场实测应变值和室内标定应变值数量相差悬殊的问题，经过调研和试验认为，其主要是由于岩芯钻取后，岩芯裂隙会在一定时期内发展和张开，而试验中未考虑此部分的影响。但从量级分析上看，裂隙时效性扩展是滞弹性应变产生的主因。

地应力测量方法中有差应变法（DSCA 法）对此进行研究，但此方法未区分裂隙张开体积，数据处理方式和公式算法与滞弹性一致。DSCA 法是基于这样一个概念：岩石试样在重新加卸载时的应变行为可以反映其过去的应力历史。定向岩芯被带出地表后，微裂纹随时间发展并沿着原始应力的方向排列，岩芯在压力容器中受到静水载荷后，其膨胀发生逆转。利用应变计对岩芯进行测量，可以通过从测量的总应变中减去平均完整岩石应变来确定微裂纹闭合引起的应变。在分析 DSCA 数据时，假设（除其他外）地应力的主要方向与微裂纹闭合引起的应变的主要方向一致。此外，假定三个主应力的比值与裂缝闭合引起的三种主应变的比值有关。另一种假设是由于上覆岩层的重量，将竖向应力作为主应力。一旦一个主应力已知，其他两个主应力就可以确定。

基于上述概念，建立了一种考虑损伤的时效性应变分析方法，应用到滞弹性应变分析的地应力测量中。运用低频相控阵超声波探伤仪，如图 4-23a 所示在伯舒拉部分钻孔实施了现场岩芯波速测量，同时，北京科技大学团队研发的干耦合点接触声波监测设备，如图 4-23b 所示，该设备可布置于岩石多曲率工作面，可开展岩石损伤长期监测研究。并在后期试验室内进行了波速的标定试验，其结果如图 4-24 所示。波速在原位解除之后逐渐减小，这也初步印证了岩石应力解除之后产生了微裂隙。

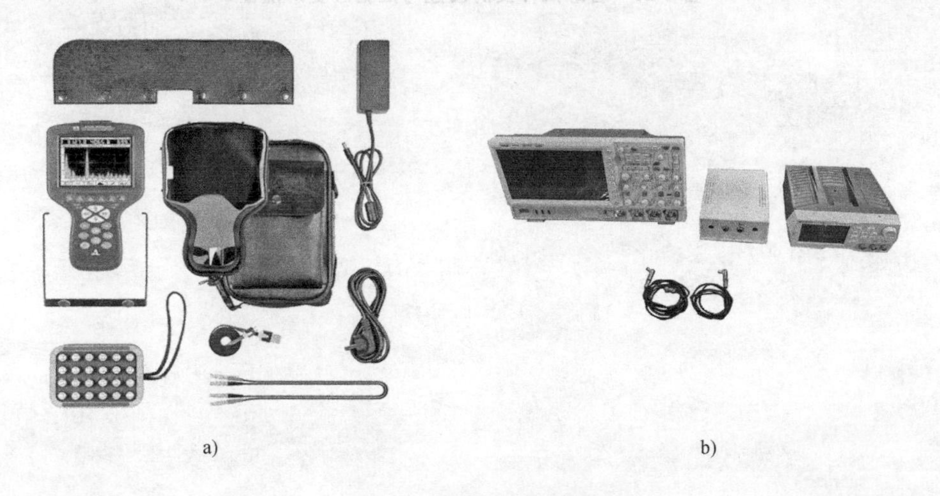

a)　　　　　　b)

图 4-23　超声波测损设备

a）低频相控阵超声波探伤仪　b）超声波监测设备（李远，2019）

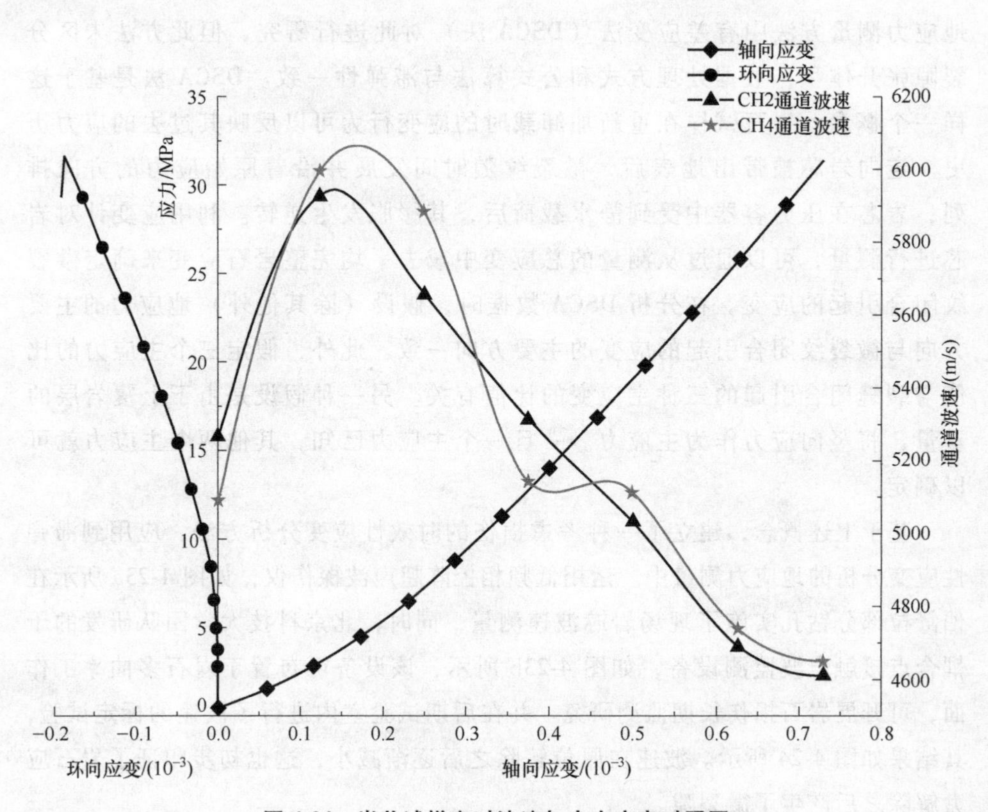

图 4-24　岩芯试样实时波速与应力应变对照图

第5章 基于空心包体应变计原理的扰动应力监测技术

5.1 扰动应力监测技术概述

进入21世纪以来，地下空间结构工程、地下资源开采、地球物理探索等一系列的工程活动都在进一步向着深部迈进。深部地壳构造十分复杂，地壳中应力状态随空间位置的变化形成地应力场，而随着地震运动及人类工程活动的扰动，地应力场也随之变化。地应力场及扰动应力场是影响工程安全稳定的重要因素，各国学者对地应力的测量和地应力场的变化规律进行了大量的研究和探索，根据大量实测资料在1992年编制了首张世界应力图。应力图中仅是各测点的单一地应力状态的集合，同时数据还很有限。岩体原始应力在受到扰动后会进行应力重新分布，这种重新分布的应力被称作次生应力或二次应力。在深部工程中需要了解施工区域的地应力状态，为工程施工提供依据和参考，而围岩应力扰动是引起工程失稳，破坏的直接因素，而目前针对应力扰动的获取尚无有效手段和技术，随着深部岩体力学与开采理论研究的发展，扰动应力监测成为深地课题需要研究的重要内容。

目前，国内外一定深度范围内的原岩应力测量方法发展较为成熟，但真实应力扰动信息的获取尚无有效手段和技术。而随着深部岩体力学与开采理论研究的发展，强时效、强扰动等深部岩体应力环境及力学特征成为“深地”课题需要研究的重要内容。应力监测技术大多基于地应力测量原理，由地应力测量的方法和仪器改进而来。

刘泉声教授（2014）提出的流变应力恢复法地应力测试方法可一次同时测得一点空间应力状态 σ_x、σ_y、σ_z、τ_{xy}、τ_{zx}、τ_{yz}，其测试原理也可用于应力监测。一个三向压应力传感器可以测得 3 个正应力分量 σ_x、σ_y、σ_z，那么两个互成一定角度（该角度原则上是任意的，但前提是使应力分量转轴公式有解）的三向压应力传感器可以测得 6 个正应力分量 σ_x、σ_y、σ_z、σ'_x、σ'_y、σ'_z。以其中一个三向压应力传感器盒体某一顶点为原点 O，相互垂直的 3 条棱边为 3 个坐标轴方向 x、y、z，建立空间坐标系 $oxyz$；以另一个压应力传感器盒体的对应顶点为原点 O'，相互垂直的 3 条棱边为 3 个坐标轴方向 x'、y'、z'，建立空间坐标系 $O'x'y'z'$（O 和 O'相距较近，可近似认为重合），如图 5-1 所示。

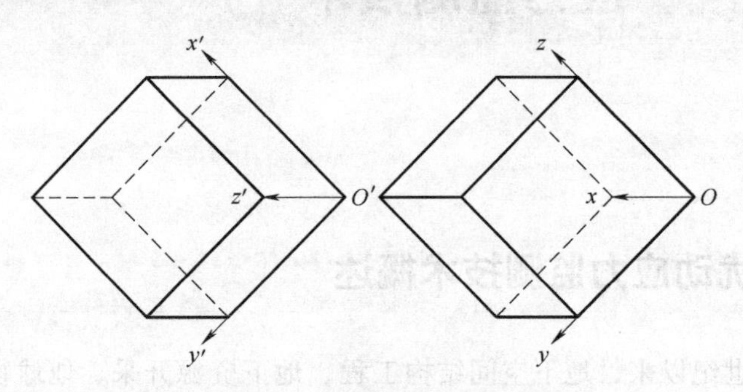

图 5-1　传感单元组合方式

当坐标轴作转轴变换时，应力分量遵循张量变换规律。坐标轴旋转后，应力状态的 6 个应力分量均有改变，但是整体应力状态是不会发生变化的。设 l_1、l_2、l_3分别为 x'、y'、z'轴与 x 轴之间的方向余弦；m_1、m_2、m_3分别为 x'、y'、z'轴与 y 轴之间的方向余弦；n_1、n_2、n_3分别为 x'、y'、z'轴与 z 轴之间的方向余弦。将 6 个正应力分量 σ_x、σ_y、σ_z、σ'_x、σ'_y、σ'_z 及各个方向余弦 l_1、l_2、l_3、m_1、m_2、m_3、n_1、n_2、n_3 代入下列应力分量转轴公式，解算出所测点处的空间应力状态。

$$\left.\begin{aligned}
\sigma'_x &= l_1^2\sigma_x + m_1^2\sigma_y + n_1^2\sigma_z + 2m_1n_1\tau_{yz} + 2n_1l_1\tau_{zx} + 2l_1m_1\tau_{xy} \\
\sigma'_y &= l_2^2\sigma_x + m_2^2\sigma_y + n_2^2\sigma_z + 2m_2n_2\tau_{yz} + 2n_2l_2\tau_{zx} + 2l_2m_2\tau_{xy} \\
\sigma'_z &= l_3^2\sigma_x + m_3^2\sigma_y + n_3^2\sigma_z + 2m_3n_3\tau_{yz} + 2n_3l_3\tau_{zx} + 2l_3m_3\tau_{xy} \\
\tau'_{yz} &= l_2l_3\sigma_x + m_2m_3\sigma_y + n_2n_3\sigma_z + (m_2n_3 + m_3n_2)\tau_{yz} + \\
&\quad (n_2l_3 + n_3l_2)\tau_{zx} + (l_2m_3 + l_3m_2)\tau_{xy} \\
\tau'_{zx} &= l_3l_1\sigma_x + m_3m_1\sigma_y + n_3n_1\sigma_z + (m_3n_1 + m_1n_3)\tau_{yz} + \\
&\quad (n_3l_1 + n_1l_3)\tau_{zx} + (l_3m_1 + l_1m_3)\tau_{xy} \\
\tau'_{xy} &= l_1l_2\sigma_x + m_1m_2\sigma_y + n_1n_2\sigma_z + (m_1n_2 + m_2n_1)\tau_{yz} + \\
&\quad (n_1l_2 + n_2l_1)\tau_{zx} + (l_1m_2 + l_2m_1)\tau_{xy}
\end{aligned}\right\} \quad (5\text{-}1)$$

式中　σ_x、σ_y、σ_z——测试单元内第 1 个传感器所测 3 个正应力分量（Pa）；

τ_{yz}、τ_{zx}、τ_{xy}——第 1 个传感器所测 3 个剪应力分量（Pa）；

σ'_x、σ'_y、σ'_z——测试单元内第 2 个传感器所测 3 个正应力分量（Pa）；

τ'_{yz}、τ'_{zx}、τ'_{xy}——第 2 个传感器所测 3 个剪应力分量（Pa）。

应力张量为二阶对称张量，仅有 6 个独立分量。新坐标系下 6 个应力分量可通过原坐标系下应力分量确定，因此，应力张量的 6 个应力分量就确定了一点的应力状态。

钻孔应力计属于相对应力监测技术之一，是在深部软岩体内钻孔后埋入包含 6 个不同方向传感单元的六向压力传感器。随着围岩的流变，钻孔围岩应力会逐渐恢复到一定值，通过岩体压力传感器的感知相对应力变化监测及相关反演计算，即可获得围岩扰动应力相对状态。王连捷推导了在三维地应力作用下的钻孔变形如图 5-2 所示。设钻孔半径为 a，孔壁的位移为

$$U=\frac{a}{E}[\sigma_x+\sigma_y+2(1-\nu^2)(\sigma_x-\sigma_y)\cos2\theta+4(1-\nu^2)\tau_{xy}\sin2\theta-\mu\sigma_z] \tag{5-2}$$

$$V=\frac{(1+\nu)(2-\mu)}{E}\cdot a[(\sigma_x-\sigma_y)\sin2\theta-2\tau_{xy}\cos2\theta] \tag{5-3}$$

$$W=\frac{4(1+\nu)}{E}\cdot a(\tau_{xz}\cos\theta+\tau_{yz}\sin\theta)+\frac{Z}{E}(-\nu\sigma_x-\nu\sigma_y+\sigma_z) \tag{5-4}$$

式中　U、V、W——γ、θ、Z 方向的位移（m）；

σ_x、σ_y、σ_z——无限远处的正应力（Pa）；

τ_{xy}、τ_{xz}、τ_{yz}——剪应力分量（Pa）；

ν——泊松比；

θ——γ 与 x 轴的夹角（°）。

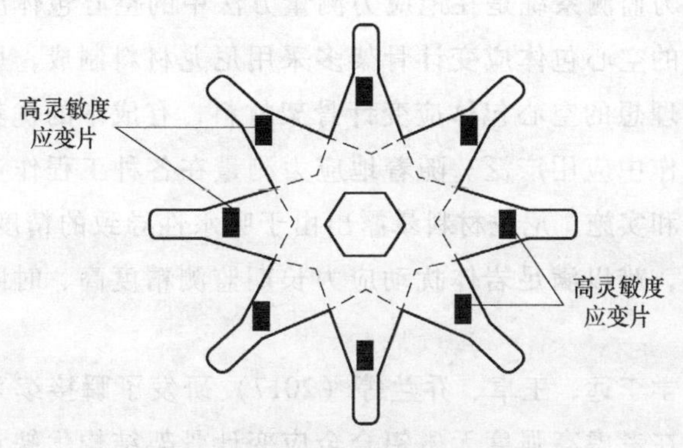

图 5-2　双十字形 8 分量轴向变形计

由式（5-2）~式（5-4）可以看出，在三维地应力作用下，所引起的孔壁径向位移 U 只与应力分量 σ_x、σ_y、σ_z、τ_{xy} 有关，而与 τ_{xz}、τ_{yz} 无关；孔壁的周向位移 V 只与 σ_x、σ_y、τ_{xy} 有关；孔壁的轴向位移 W 只与 σ_x、σ_y、σ_z、τ_{xz}，τ_{yz} 有关。

钻孔应力计仅能对应力大小变化进行反映，无法得到真实应力的分布和变化数值。刚性圆筒应力计虽具有很高的稳定性，可用于现场长期监测，但它通常只能测量垂直于钻孔的平面内的相对应力变化，且灵敏度较低。

空心包体应变计法属于间接测量法的一种，是国际岩石力学学会推荐的三维地应力测量方法，也是目前唯一的可以一次性获取地下三向主应力大小、方向的地应力测量方法。自 20 世纪 70 年代澳大利亚联邦科学和工业研究组织发明了 CSIRO 型三轴空心包体应变计以来，该方法在世界地应力测量领域得到了广泛应用。目前国内常用的测量产品有长江科学院研制的新型空心包体式钻孔三向应变计、地质力学研究所研制的 KX 系列空心包体式钻孔三向应变计和北京科技大学蔡美峰院士发明的采用完全温度补偿技术的改进型空心包体应变计。本书拟在现有空心包体应变计地应力测量法研发的岩体应力长期监测系统的基础上，从设备硬件、测量精度、温度补偿方法和数据传输方法上进行改进完善，从而实现对深部岩体和边坡岩体扰动应力进行实时、准确、长期监测。

5.2 基于空心包体应变计原理的扰动应力监测技术

5.2.1 空心包体监测应变计的改进

1. 应变计骨架结构优化

岩体扰动应力监测系统是在地应力测量方法中的空心包体应变法基础上发展而来的，传统的空心包体应变计骨架多采用尼龙材料制成，尼龙的耐磨性和抗静电性都是较理想的空心包体应变计骨架材料，有成本的优势，在早期的空心包体应变计制作中应用广泛。随着地应力测量在各种工程作业环境和复杂地质条件下的开展和实施，尼龙材料暴露出由于吸水性导致的精度差，耐磨性差、强度较低等劣势，难以满足岩体扰动应力长期监测精度高、时间长、稳定性高等需求。

北京科技大学李远、王卓、乔兰等（2017）研发了瞬接续采型空心包体地应力测试技术，在考虑高强度无磁铝合金应变计骨架结构优缺点的基础上，结合岩体扰动应力监测的长期性、稳定性和便携安装的需要，对应变计骨架结构进行了优化设计，使其能够对同一钻孔不同孔深岩体扰动应力进行同时同步监测；新型高强度无磁铝合金应变计骨架前后两端设置倒爪，在探头安装后能够在探头与孔壁两者之间产生一定的支撑作用，防止监测探头在安装和胶结过程中出现松动和滑动的现象，以保证探头的胶结质量，如图 5-3 所示。传统 CSIRO 应变计尼龙骨架与新型高强度无磁性铝合金应变计骨架对比，如图 3-2 所示。

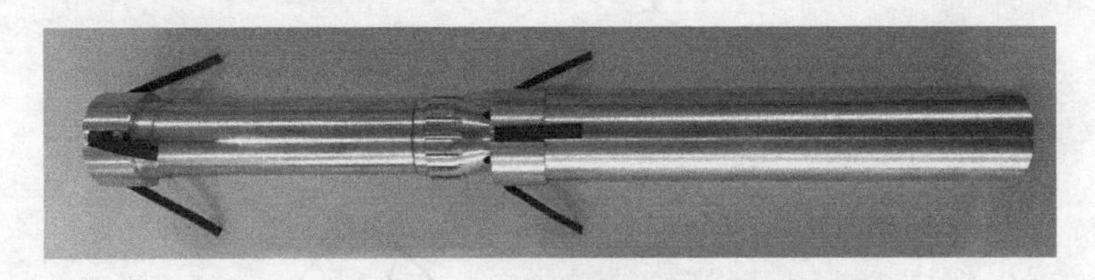

图 5-3　新型高强度无磁性铝合金应变计骨架

新型无磁性高强度铝合金应变计骨架具有如下优点：

1）采用了高强度无磁性铝合金材料，整体强度较传统树脂材料大幅提高，在复杂地质条件下能保持较高稳定性。

2）采集仪直接安装在骨架尾部的仪器舱内，消除长导线引出式产生的监测采集数据衰减误差。

3）应变计头尾两端设置金属弹性支撑倒爪，能在应变计安装入孔后，在应变计和孔壁间提供有效支撑，防止应变计松动滑动。

4）可以通过内部同心孔将探头串联，对同一钻孔实现不同孔深的多点监测。

2. 岩体扰动应力长期监测中应变片布置方式改进

空心包体应变计地应力测量时，其应变片布置方式为沿圆周等距离（120°）嵌入 3 组应变花，每组应变花由 4 支应变片组成，互相间隔 45°。12 个应变片共可得到 12 个方程，有 6 个独立方程就可以联立求解，45°、135°方向应变片的测量值使得计算更加精确。而在应力监测时，由于不再套孔取芯，主要是实时传输各应变片测量应变值，因此应变片布片方式和位置需要进行设计优化以适应应力长期监测的需要。

在地下岩体、近开挖面和边坡岩体监测中，受边坡开挖影响岩体内一定范围垂直临空面方向的应力释放，因此应主要针对另外两个方向主应力进行孔壁应变或应力监测。所以用于边坡体孔壁应变监测（由地应力测量理论建立应力-应变关系实现应力监测）采用 3 组 3 环向、3 轴向布片，布片方案如图 5-4 所示。

根据地应力测量理论，各方向应力与应变关系可由式（5-5）~式（5-7）给出：

$$\varepsilon_\theta=\frac{1}{E}\{(\sigma_x+\sigma_y)+2(1-\nu^2)[(\sigma_x-\sigma_y)\cos2\theta-2\tau_{xy}\sin2\theta-\nu\sigma_z]\}\tag{5-5}$$

$$\varepsilon_z=\frac{1}{E}[\sigma_z-\nu(\sigma_x+\sigma_y)]\tag{5-6}$$

$$\varepsilon_{\pm45^\circ}=\frac{1}{2}(\varepsilon_\theta+\varepsilon_z\pm\gamma_{\theta z})\gamma_{\theta z}=\frac{4}{E}(1+\nu)(\tau_{xy}\cos\theta-\tau_{zx}\sin\theta)\tag{5-7}$$

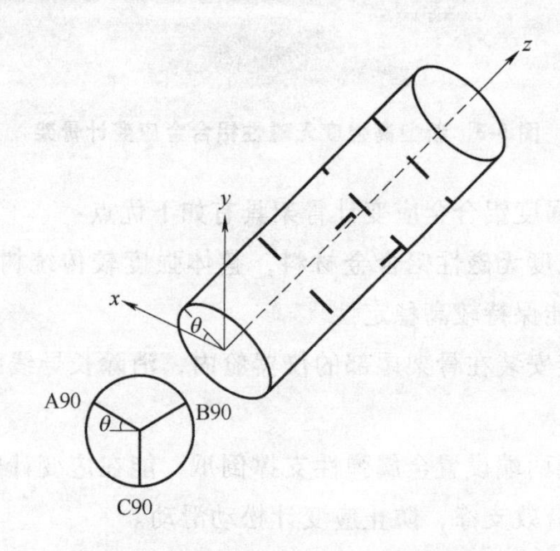

图 5-4 监测探头应变片布置方案

其中，沿测孔轴向方向孔壁应变可由轴向应变片测量得到，沿孔周边的环向合力可由 0°、120°和 240°三个环向应变片求和得到。考虑测量中需有 3 组重复数据进行最小二乘分析。由式（5-6）可知，对三个轴向应变求平均即可实现平行 3 次测量的试验标准，取得均值轴向应变公式为

$$\varepsilon_{z平均}E=\sigma_z-\nu(\sigma_x+\sigma_y)\tag{5-8}$$

进行环向应变测量时，同一测量环中 3 个应变片按等角度分布，角度值分别为 0°、120°和 240°。带入式（5-5）中，并求和可得

$$(\varepsilon_{\theta(0^\circ)}+\varepsilon_{\theta(120^\circ)}+\varepsilon_{\theta(240^\circ)})E=3[(\sigma_x+\sigma_y)-\nu\sigma_z]\tag{5-9}$$

因此同一测量环的三个应变片应变和与环向角度无关。由于布片方案中有三组环向应变布置（9 个应变片），因此也实现了平行 3 次测量的试验条件。由式（5-8）和式（5-9）可以求得轴向应力 σ_z 和环向应力水平（$\sigma_x+\sigma_y$）的大小。

3. 岩体扰动应力监测采集系统优化及高精度铂金热敏电阻接入

北京科技大学蔡美峰院士提出了完全温度补偿方法用于空心包体应变计地

应力测量的温度误差消除。完全温度补偿方法需借助室内温度标定试验，将地应力岩芯及其内部粘贴的应变花作为一个整体，测试其在温度变化至平衡条件下的应变变化值，并根据地应力解除过程中监测的温度变化情况将温度应变消除。

常规空心包体应变计结构中，测温方法采用应变片粘贴在环氧树脂胶片上进行温感平衡，粘贴应变片的环氧树脂胶片未受到岩石变形限制，其温度系数与孔壁上的岩石-环氧树脂-应变片组合有一定误差，而完全温度补偿技术中的测温热敏电阻由于阻值过大无法连接入电桥电路中，若采用并联 120Ω 电阻的方式又会大大降低其对温度的敏感性。李远等（2017）研发了瞬接续采型空心包体地应力测试技术，基于完全温度补偿思想，考虑无线采集电路同时受到温度的影响，提出双温度补偿算法进行误差消除。因此需对原采集电路通道进行改进，以实现敏感性测温电阻的直接接入，同时保障测温电阻通道示数与温度对应关系的一致性和稳定性，改进后采集电路图结构和应变仪采集系统，如图 1-5 所示。

完全温度补偿技术地应力测量中，需要在岩芯解除后进行室内的温度标定试验。而扰动应力监测中需要在探头出厂时进行温度标定试验，修正监测过程的温度误差，建立应变片部位温度与通道示数关系。常规应变采集仪通道调平范围为 4.8Ω（20000με）无法满足热敏电偶测试范围要求。为实现测试应变与温度记录的同步、同条件测量，首先使热敏电偶置于应变花附近以保证同温度条件记录，其次使热敏电偶通道与应变片采集通道连接至同一电桥供电以满足同源测试要求，最后研发大范围调平采集电路以满足热敏电偶温度变化条件下的示数有效测量。

敏感性测温原件只对温度变化有较高敏感度，不对受力变化产生反应，且其温度敏感性要远高于常规应变片。高精度铂金热敏电阻置于测量应变片一侧，并同层固封于环氧树脂内，同步感受测孔中应变片处温度变化，实现完全温度监测如图 5-5 所示。该电阻尺寸（长×宽×高）为 2.3mm×2.1mm×0.9mm，适用工作温度范围广（-50～300℃），适用温度范围内精度高（温度系数：TCR-3850ppm/K）。高精度铂金热敏电偶温度-阻值对照表见表 5-1。

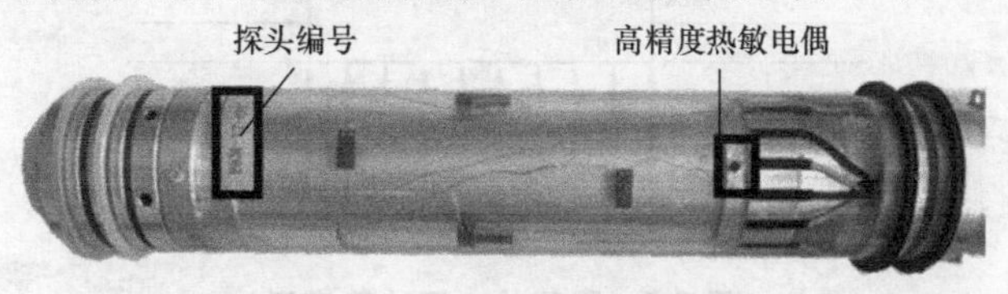

图 5-5 高精度铂金热敏电偶

表 5-1　高精度铂金热敏电偶温度-阻值对照表

温度/℃	阻值/Ω				
	1	2	3	4	5
0	100.00	100.39	100.78	101.17	101.56
10	103.90	104.29	104.68	105.07	105.46
20	107.79	108.18	108.57	108.96	109.35
30	111.67	112.06	112.45	112.83	113.22
40	115.54	115.93	116.31	116.70	117.08
50	119.40	119.78	120.17	120.55	120.94
60	123.24	123.63	124.01	124.39	124.78
70	127.08	127.46	127.84	128.22	128.61
80	130.90	131.28	131.66	132.04	132.42

5.2.2　扰动应力监测计算原理

空心包体监测应变计安装时，使用水泥净浆固定应变计，根据地应力测量理论，各方向应力与应变关系为

$$\varepsilon_z E=\sigma_z-\nu(\sigma_x+\sigma_y) \tag{5-10}$$

$$(\varepsilon_{\theta(0^\circ)}+\varepsilon_{\theta(120^\circ)}+\varepsilon_{\theta(240^\circ)})\cdot E=3[(\sigma_x+\sigma_y)-\nu\sigma_z] \tag{5-11}$$

式中　ε_z，ε_θ——监测应变计布设应变片所测量得到的轴向应变和各个角度的环向应变值。

若将监测应变计和凝固水泥净浆层视为一个整体，根据弹性力学原理，计算模型如图 5-6 所示，在无限体中有半径为 R_1 的孔，孔中为应变计和凝固水泥

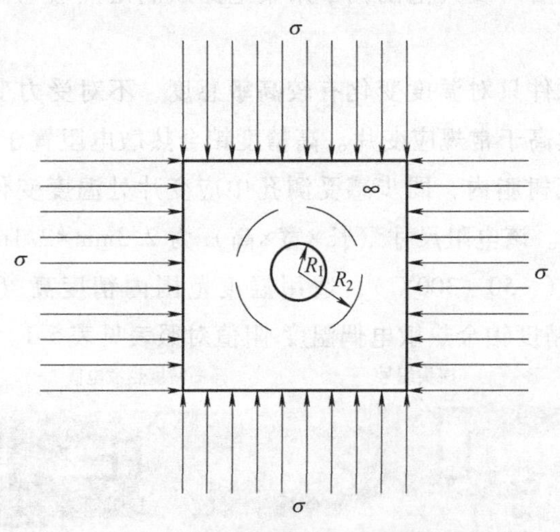

图 5-6　围压状态下计算模型

净浆耦合体，R_2 为岩体与钻孔圆点的距离（在计算模型中，岩体、凝固水泥净浆、探头三者处于耦合状态并未分离）。

现将围岩压力等效为无限体边界力，设凝固水泥净浆层受压产生的对孔壁支持力为 q（表示为标量）。将 R_1 和 R_2 之间的岩体视为一个圆筒，则有 $E_{筒}=E_{\infty}=E$，$\nu_{筒}=\nu_{\infty}=\nu$，由弹性力学可知：

对圆筒有

$$\sigma_r=\frac{A}{r^2}+2C \tag{5-12}$$

$$\sigma_\theta=-\frac{A}{r^2}+2C \tag{5-13}$$

对无限体有

$$\sigma'_r=\frac{A'}{r^2}+2C' \tag{5-14}$$

$$\sigma'_\theta=-\frac{A'}{r^2}+2C' \tag{5-15}$$

式中 A、C、A'、C'——待定系数；

σ_r、σ_θ——圆筒的径向和环向正应力（Pa）；

σ'_r、σ'_θ——无限体径向和环向正应力（Pa）。

因为岩体围压为均匀施加，所以在无穷远处剪应力可视为零，并且有 $\sigma_x=\sigma_y=\sigma$。因此，当 $r=\infty$ 时，$\sigma'_r=\sigma$，则有 $2C'=\sigma$。

当 $r=R_2$时，$\sigma_r|_{r=R_2}=\sigma'_r|_{r=R_2}=P_0$，则有

$$\frac{A}{R_2^2}+2C=\frac{A'}{R_2^2}+\sigma \tag{5-16}$$

当 $r=R_1$时，将$\sigma_r|_{r=R_1}=-q$ 代入式（5-16）可得

$$\frac{A}{R_1^2}+2C=-q \tag{5-17}$$

由平面应力问题可知，圆筒与无限体的径向位移分别为

$$U_r=\frac{1}{E}\left[2(1-\nu)Cr-(1+\nu)\frac{A}{r}\right]+I\cos\theta+K\sin\theta \tag{5-18}$$

$$U'_r=\frac{1}{E'}\left[2(1-\nu')C'r-(1+\nu')\frac{A'}{r}\right]+I'\cos\theta+K'\sin\theta \tag{5-19}$$

式中 U_r、U'_r——圆筒和无限体的位移（m）；

I、K、I'、K'——待定系数。

将式（5-18）和式（5-19）代入边界条件$U_r|_{r=R_2}=U'_r|_{r=R_2}$，且代入$E=E'$，$\nu=\nu'$，$2C'=\sigma$，并化简得

$$2mC+\frac{A'}{R_2^2}-\frac{A}{R_2^2}=m\sigma \tag{5-20}$$

式中，$m=1-2\nu$，将式（5-16）变形代入式（5-20）得

$$2C=\sigma \tag{5-21}$$

将式（5-21）代入式（5-12）得

$$A=A'=(-q-\sigma)R_1^2 \tag{5-22}$$

将式（5-22）代入式（5-14）得

$$\sigma'_r|_{r=R_2}=P_0=(-q-\sigma)\frac{R_1^2}{R_2^2}+\sigma \tag{5-23}$$

当考虑凝固水泥净浆层抗力时，在空间上可将净浆层看作一个空心圆筒，在平面上可以看作一个空心圆盘，如图 5-7 所示。假设凝固水泥净浆层弹性模量为E_0，泊松比为ν_0，空心圆盘内部压力为q_a，外部压力$q_b=q$。径向应力大小为

$$\begin{cases}\sigma_r=\dfrac{a^2}{r^2}qt-qt=\dfrac{A}{r^2}+2C\\ A=a^2qt\\ 2C=-qt\end{cases} \tag{5-24}$$

式中

$$t=\frac{b^2}{b^2-a^2} \tag{5-25}$$

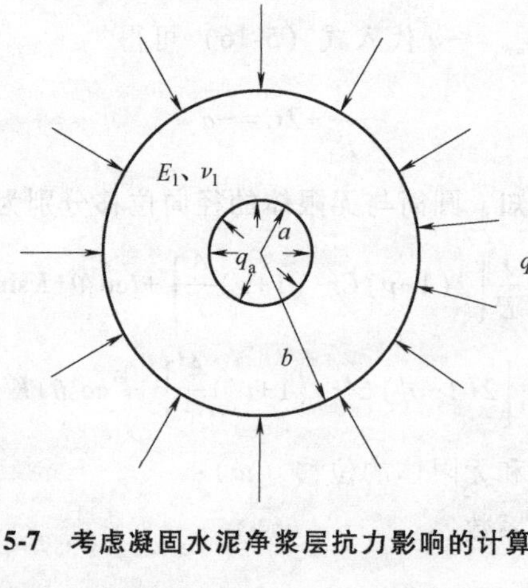

图 5-7　考虑凝固水泥净浆层抗力影响的计算模型

将式（5-25）代入式（5-12）~式（5-19）得

$$U_{r1}\big|_{r=R_1}=\frac{1}{E_1}\left[\nu_1 R_1 q-\frac{R_1(R_1^2+a^2)}{R_1^2-a^2}q\right] \tag{5-26}$$

同理，岩芯位移量为

$$U_{r2}\big|_{r=R_1}=\frac{1}{E}\left[-2R_1\sigma+(1+\nu)R_1 q\right] \tag{5-27}$$

由位移单值条件可得

$$\left.\begin{aligned}&\frac{1}{E}\left[\nu_1 R_1 q-\frac{R_1(R_1^2+a^2)}{R_1^2-a^2}q\right]=\frac{1}{E}\left[-2R_1\sigma+(1+\nu)R_1 q\right]\\&q=K_0\sigma\\&K_0=\frac{-2}{\dfrac{E}{E_1}\left(\nu_1-\dfrac{R_1^2+a^2}{R_1^2-a^2}\right)-(1+\nu)}\end{aligned}\right\} \tag{5-28}$$

将式（5-28）代入式（5-23）可得

$$P_0=\sigma\left(\frac{R^2}{R^2-r^2-K_0 r^2}\right) \tag{5-29}$$

将式（5-23）代入式（5-7）得到考虑凝固水泥净浆层的应力监测计算公式

$$(\varepsilon_{\theta(0^\circ)}+\varepsilon_{\theta(120^\circ)}+\varepsilon_{\theta(240^\circ)})E=3\left[\frac{R^2}{R^2-r^2-K_0 r^2}(\sigma_x+\sigma_y)-\nu\sigma_z\right] \tag{5-30}$$

所以，岩体扰动应力监测的基本公式可推导为

$$\left.\begin{aligned}&(\sigma_x+\sigma_y)=\frac{E\cdot(\varepsilon_\theta+3\nu\varepsilon_z)}{3(M-\nu^2)}\\&\sigma_z=\varepsilon_z\cdot E+\frac{E\cdot\mu\cdot(\varepsilon_\theta+3\nu\varepsilon_z)}{3(M-\nu^2)}\end{aligned}\right\} \tag{5-31}$$

式中　ε_θ——监测探头同一环向应变片所测得应变和。

ε_z——监测探头轴向应变片所测得应变值。

$$\left.\begin{aligned}&M=\frac{R^2}{R^2-r^2-K_0 r^2}\\&K_0=\frac{-2}{\dfrac{E}{E_1}\cdot\left(\nu_1-\dfrac{r^2+a^2}{r^2-a^2}\right)-(1+\nu)}\end{aligned}\right\} \tag{5-32}$$

式中　E——岩体弹性模量（Pa）；

E_1——凝固水泥净浆弹性模量（Pa）；

ν——岩体泊松比；

ν_1——凝固水泥净浆泊松比；

R——岩芯半径（m）；

r——钻孔半径，即凝固水泥净浆圆筒半径（m）；

a——监测探头半径（m）。

5.3 岩体扰动应力监测系统室内标定试验研究

5.3.1 采集系统稳定性测试研究

长期监测中，续采功能的实现可保证断电条件下的数据可恢复性和连续性，也可使设备出厂标定数据直接参与监测数据的温度修正。将高精度固定电阻连接在测试系统通道中，在同温度条件下进行断电续采试验，根据不同时期同一通道同一温度下的稳定数据对比可获取采集系统断电续采稳定性数据。

试验中采用高低温试验箱，设置3组不同温度下的续采性能测试（20℃、30℃、40℃）。试验箱温度误差+0.5℃。试验时，以低温度系数标准电阻模拟应变数值并设定测试温度，采集间隔10min，现行国家标准《岩土工程勘察规范》（GB 50021—2001）中规定，连续三次读数之差不超过5με可视为数据稳定。每个温度段平衡时间为4h以确保各通道达到稳定标准。稳定后提取数据并关机，以等待后续测试时间间隔达到预计长度后再次重复测量。对比同阻值、同温度稳定后平均数据，获得断电续采条件下的数据漂移量，见表5-2。

表5-2 温度标定过程的断电续采数据

续采时间/d	微应变通道示数（με）		
	20℃	30℃	40℃
0	23203	22956	22671
7	23201	22947	22666
14	23198	22953	22659
28	23215	22942	22669
35	23209	22950	22657
49	23201	22955	22661
66	23201	22948	22659

（续）

续采时间/d	微应变通道示数（με）		
	20℃	30℃	40℃
83	23207	22953	22675
101	23210	22951	22666
124	23200	22949	22658

试验结果显示，最长 124d 的断电续采测试中，在 20℃恒温时，采集板路最大采集漂移量为 17με；在 30℃恒温时，采集板路最大采集漂移量为 14με；在 40℃恒温时，采集板路最大采集漂移量为 18με。试验结果显示，同一温度下采集板路最大续采漂移量较小，显示了良好的续采稳定性和数据连续性。

5.3.2　高精度温度传感器稳定性室内标定实验

由于温度变化所引起的附加应变对空心包体应变计测量结果有不可忽视的影响。蔡美峰院士提出的完全温度补偿技术地应力测量方法中，采用温度标定试验消除测量过程中的温度误差而需要在岩心解除后进行室内的温度标定试验。应力监测中需要在探头出厂时进行温度标定试验，修正监测过程的温度误差，建立应变片部位温度与通道示数关系。

常规应变采集仪通道调平范围为 4.8Ω（20000με）无法满足热敏电偶测试范围要求。为实现测试应变与温度记录的同步、同条件测量，首先使热敏电偶置于应变花附近以保证同温度条件记录，其次使热敏电偶通道与应变片采集通道连接至同一电桥供电以满足同源测试要求，最后研发大范围调平采集电路以满足热敏电偶温度变化条件下的示数有效测量。

标定试验是将带有高精度温度传感器的监测探头放入高低温试验箱内，设置不同温度段进行温度值与测温通道示数的标定。标定试验在 20℃条件下开始测量，设置采集时间间隔 10min/次，在保证传感器受温度影响稳定后（30min 示数浮动在 5με 以内），调节温度至 30℃并保持湿度不变，再次稳定后调节温度至 40℃，以此测量方法完成 20℃、30℃、40℃的标定测试，数据 $\times 10^{-2}$ 后如图 5-8 所示。

进行 3 组平行试验，并将 3 组示数的平均值作为该温度下所对应的温度通道示数值见表 5-3。对温度标定数据进行趋势回归分析，获得温度与通道示数关系如图 5-9 所示。由图 5-9 可知，在 20~40℃范围内，通道示数与温度值线性相关且相关性达到 1。由此获取了温度示数与温度关系的标定公式，长期监测中可以根据具体温度通道示数直接算出实际测点温度。

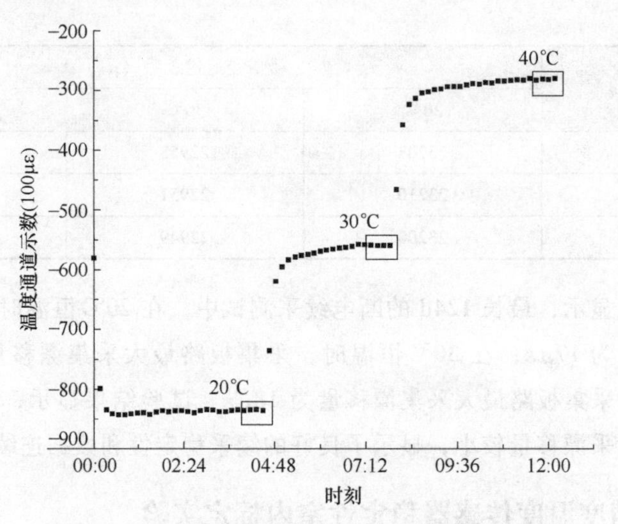

图 5-8　高精度温度传感器时刻与温度通道示数关系

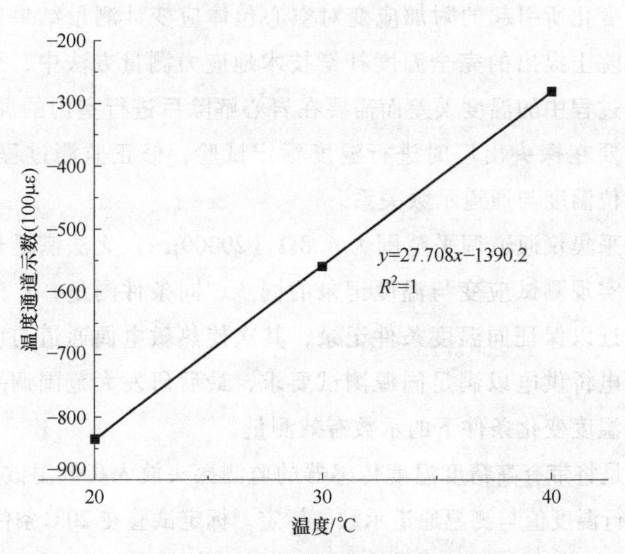

图 5-9　高精度温度传感器温度与温度通道示数关系

表 5-3　20~40℃平均温度通道示数

温度/℃	平均温度通道示数（100με）
20	-835.515
30	-559.8625
40	-281.3475

重复两次温度标定试验，采用标定试验关系公式，通过温度通道示数计算

温度数值，将计算温度与试验实际温度进行比较，试验结果见表 5-4。

表 5-4　高精度温度传感器计算温度与试验温度对比

	测试温度/℃	温度通道示数（100με）	计算温度/℃	温度差/℃
第一次重复温度标定试验	20	-859.325	19.16	0.84
	30	-569.458	29.62	0.38
	40	-293.808	39.57	0.43
第二次重复温度标定试验	20	-828.048	20.29	-0.29
	30	-553.563	30.19	-0.19
	40	-284.305	39.91	0.09

样例试验结果显示，高精度热敏电偶在 20~40℃ 温度区间内能准确反映周围环境温度，误差均在 1℃ 以内，精确度较高。3 次室内标定试验得出，高精度铂金热敏电偶能真实、灵敏、精确地反映实际温度的变化情况。

5.3.3　应变片的温度自补偿性能的标定研究

为降低长期监测中温度变化的影响，除了引入双温度补偿技术外，还需降低应变片对温度的敏感性。此次设备研发选用具有温度自补偿功能的康铜材质应变片，应变值与温度关系曲线，如图 3-8 所示。应变片随环境温度变化而产生的阻值变化（应变示数变化）称为热输出。采用温度自补偿技术目的是降低测试设备的热输出量。若设温度变化量为 ΔT，根据代数叠加原理，则应变计的热输出 ε_t 为

$$\varepsilon_t = [(\alpha_g / K) + (\beta_s - \beta_g)]\Delta t \tag{5-33}$$

式中　α_g、β_g——应变片敏感栅材料的电阻温度系数和线膨胀系数；

K——应变片的灵敏系数；

β_s——试件的线膨胀系数；

Δt——温度变化量（℃）。

由式（5-33）可知，应变片的热输出量除了与自身温度系数相关外还与所粘贴材质相关。因此常规应变仪中的补偿通道（放置 1 支自由应变片）平衡法在温度影响较大的长期监测中会产生极大误差。而基于完全温度补偿技术的岩体应力长期监测系统，为实现应变测试系统的低热输出功能，需考虑应变片材质、粘结剂种类、粘结厚度、岩体岩性等多方面因素的影响并进行相关的室内标定试验，以获取温度影响下的应变片通道温度应变值，并在长期监测中根据温度变化情况进行误差消除。

α_g（应变片温度系数）、β_g（应变片线膨胀系数）、K（应变片灵敏系数）和 β_s（试件线膨胀系数）都为已知量，Δt（温度变化量）可由高精度热敏电偶测出，不同岩石的线膨胀系数见表 5-5。此次选用三山岛金矿深部千枚岩进行标定，根据其线膨胀系数确定采用中航工业电测仪器股份有限公司制造的 BE120-8DB-T(11)-X100型温度自补偿电阻应变片，其灵敏系数 2.18；线膨胀系数11×10^{-6}/℃；温度系数在 20~25℃内其温度影响可忽略不计，0~20℃时为 1.33(μm/m)/℃，20~40℃时为 0.28(μm/m)/℃，40~60℃时为 1.20(μm/m)/℃。试件线膨胀系数为 8.3×10^{-6}/℃。粘贴介质采用“应变片与试样用环氧树脂胶直接粘贴（粘贴厚度可忽略不计）”“应变片与环氧树脂胶片粘贴（环氧树脂胶片厚 1.5mm）”“应变片悬空”三种方式，将贴好应变片的试样放入高低温试验箱中，测试系统处于室温条件下，采集时间间隔为 10min。设置温度 20℃，待其应变稳定后（2~3h），调节温度至 25℃，全程对微应变进行测量。以上述方法对 20℃、25℃、30℃和 40℃温度段对应微应变进行测量，试验结果如图 5-10 所示。

表 5-5　不同岩石的线膨胀系数

岩石种类	线膨胀系数（10^{-6}/℃）	岩石种类	线膨胀系数（10^{-6}/℃）
闪长岩	1.8~11.9	白云岩	6.7~8.6
大理岩	1.1~16.0	石灰岩	0.9~12.2
砂岩	4.3~13.9	千枚岩	4.2~9.6

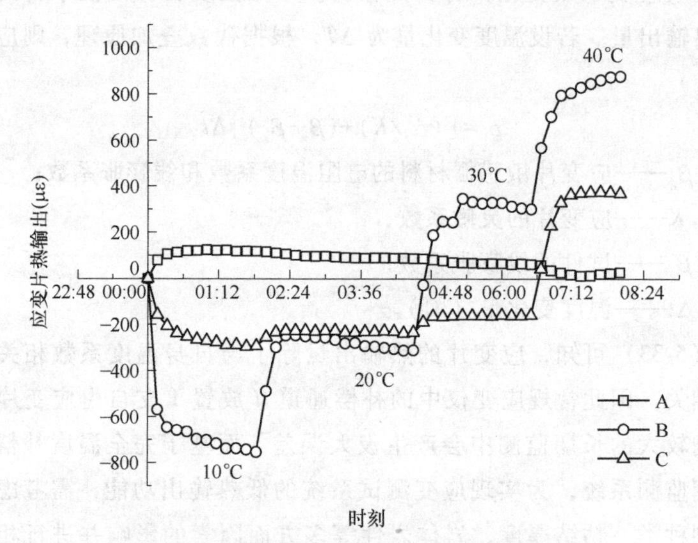

图 5-10　应变片不同介质时刻与热输出关系

A—应变片与试样用环氧树脂胶直接粘贴（粘贴厚度可忽略不计）

B—应变片与环氧树脂胶片粘贴（环氧树脂胶片厚 1.5mm）　C—应变片悬空

由测试结果可知应变片处于不同粘结状态下通道的温度热输出量具有极大差异。应变片粘贴在胶片上和悬空状态下具有较大的温度应变特性。因此需根据实际测试状态，准确模拟应变测试条件获取测量通道温度标定数据。

地应力测量中，胶层厚度会对测量误差产生约 10% 的影响。同样在长期监测中胶层厚度对应变片粘结岩芯的温度应变性能影响也不能忽略。针对同种胶体、同种应变片、同种岩石的不同胶层厚度粘结条件进行 4 组对比试验。4 组应变片与试样环氧树脂粘结厚度分别为 0.5mm、1mm、2mm 和 3mm，如图 5-11 所示，测量温度分别为 20℃、30℃、40℃和 50℃，试验结果如图 5-12 所示。

图 5-11　不同厚度胶层粘结

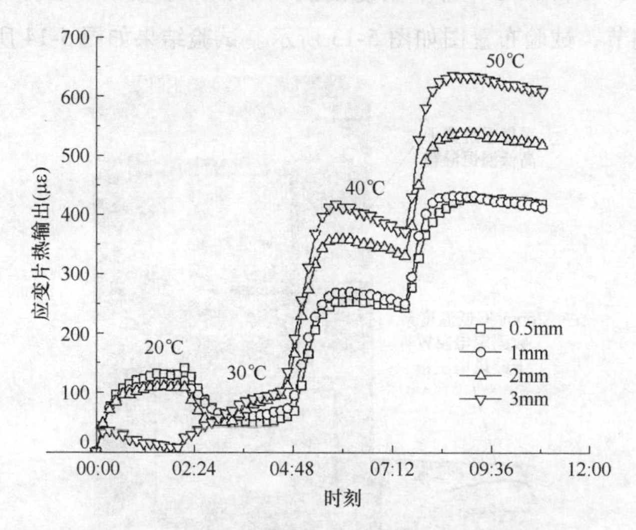

图 5-12　应变片不同粘贴厚度时刻与热输出关系

试验结果显示应变片粘结厚度在 0.5~1mm 范围内时，粘结岩芯显示的温度应变性能基本相同；当粘结厚度达到 2mm 时，高温段与粘结厚度 0.5mm 和 1mm

时的数据有较大偏差；粘结厚度为3mm时，20℃左右应变片-胶层与岩石的线膨胀系数差异显现较为明显，测量系统自补偿能力下降。因此制作用于长期监测的空心包体设备时，其外层胶层厚度应尽量控制在1mm之内。

5.3.4 基于双温度补偿技术原理的扰动应力采集系统热输出标定

基于完全温度补偿思想提出双温度补偿方法对误差进行消除。改进型原位数字化型空心包体应变采集系统在地应力测量或岩体应力长期监测过程中，特别是在监测探头埋深较浅的边坡岩体应力监测过程中受环境温度变化影响较大，造成测量（监测）误差。双温度补偿技术在完全温度补偿技术基础上，在对应变片-环氧树脂胶层-岩体耦合整体受纯温度变化影响时产生的误差进行剔除，对应变采集系统进行室内温度标定，消除现场温度变化对采集系统造成的采集误差。采集系统室内标定试验中，在第14通道（采集板路补偿通道）接入以色列Vishay公司2ppm/℃低温度系数固定电阻。

采集系统温度补偿标定试验过程中，将固定电阻放置于恒温箱内设定30℃恒温状态（鼓风恒温箱温度误差±1℃），并保持恒温30℃不变；将采集系统置于高低温恒温箱内（高低温恒温箱温度误差±0.5℃），设置温度变化梯度为20℃、30℃、40℃和50℃，每个温度段试验中，待示数平衡后方可进行下一温度段的温度调节，试验布置图如图5-13所示。试验结果如图5-14所示。

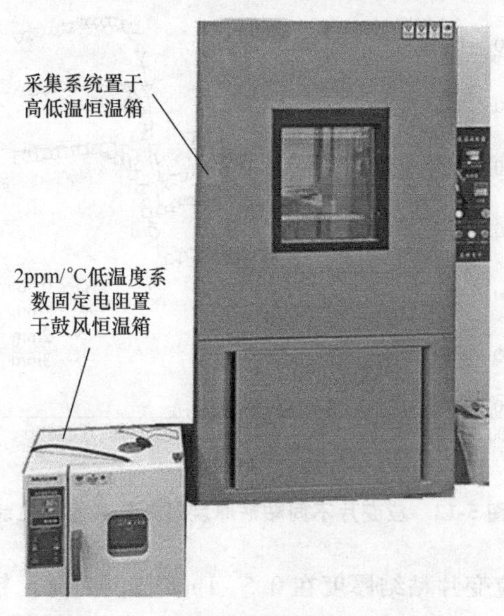

图5-13 采集系统温度补偿标定试验

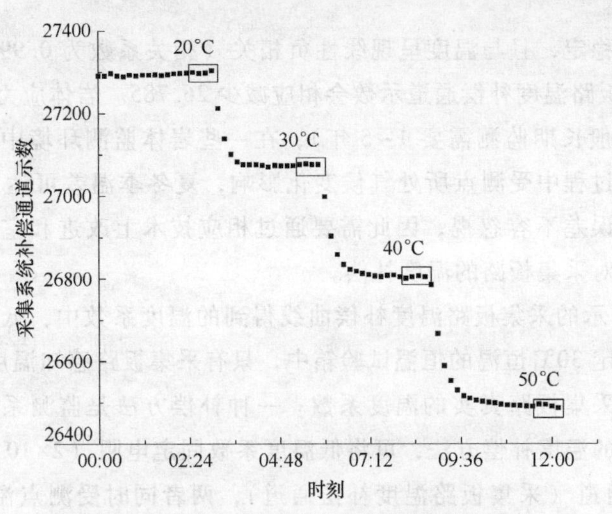

图 5-14　采集系统时刻与温度通道示数关系

根据现行国家标准《岩土工程勘察规范》(GB 50021—2001) 的规定和 5.3.2 小节所述取值方法，求出各个温度段对应的采集板路温度通道平均示数见表 5-6，并进行趋势回归分析，作出温度与采集板路补偿通道示数的关系曲线，如图 5-15 所示。

表 5-6　各个温度段对应采集板路温度通道平均示数

恒温箱设置温度/℃	14 通道平均示数	14 通道相对平均示数
20	27297.5	0
30	27077.5	−220
40	26805	−492.5
50	26495.5	−802

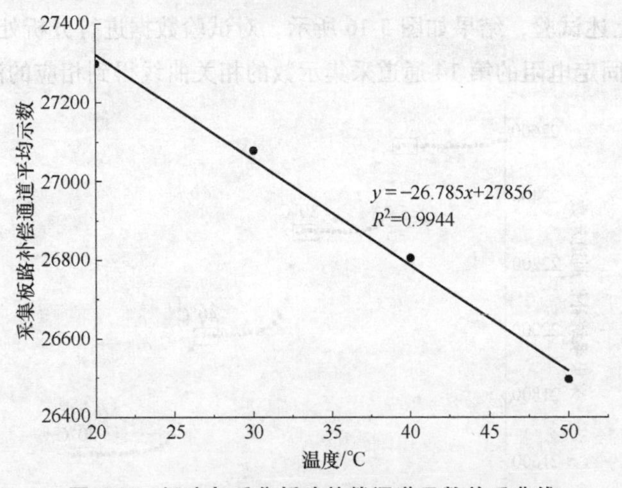

图 5-15　温度与采集板路补偿通道示数关系曲线

从图 5-14 和图 5-15 可以看出采集板路温度补偿通道示数经过 2.5~3h 的试

验时间后基本稳定，且与温度呈现线性负相关（相关系数为 0.9944）即温度每升高 1℃采集板路温度补偿通道示数会相应减少 26.785。岩体应力长期监测一般周期较长（一般长期监测需要 1~5 年），在一些岩体监测环境中，探头浅埋的边坡岩体监测过程中受测点所处气候变化影响，夏冬季温差可达 40℃对采集板路造成的采集误差不容忽视，因此需要通过相应技术上改进和室内标定试验给予消除，实现对采集板路的温度补偿。

图 5-15 所示的采集板路温度补偿曲线得到的温度系数中，低温度系数固定电阻放置于设定 30℃恒温的恒温试验箱中，只有采集板路感知温度变化的影响，得到的系数是采集板路真实的温度系数。一种补偿方法是监测系统工程现场应用中采集板路的温度补偿方法，可将低温度系数固定电阻（2×10^{-6}/℃）接入采集板路第 14 通道（采集板路温度补偿通道），两者同时受测点温度变化影响。由于固定电阻低温度系数的特点，将两者共同产生的温度漂移量视为采集板路温度漂移量，故监测过程中第 14 通道示数与第 14 通道初始示数的差值即为对采集板路由温度引起误差的补偿量。另一种补偿方法是在采集板路第 14 通道接入高精度铂金热敏电偶，利用电偶感知采集板路工作环境的温度变化，再利用探头安装前在室内标定出的采集板路纯温度系数（图 5-15）求出由温度变化引起的采集板路采集误差，从而对采集板路实现温度补偿。

为了对比两种温度补偿技术的补偿精度，室内试验中利用与上述同一个采集板路，首先在第 14 通道接入进口 2×10^{-6}/℃低温度系数固定电阻，将两者一起放置于高低温恒温箱（两者共同感受工作环境温度变化，与工程监测现场实际情况一致），重复上述试验，结果如图 5-16 所示，对试验数据进行分析处理可以画出试验温度与接入固定电阻的第 14 通道采集示数的相关曲线得到相应的温度系数。

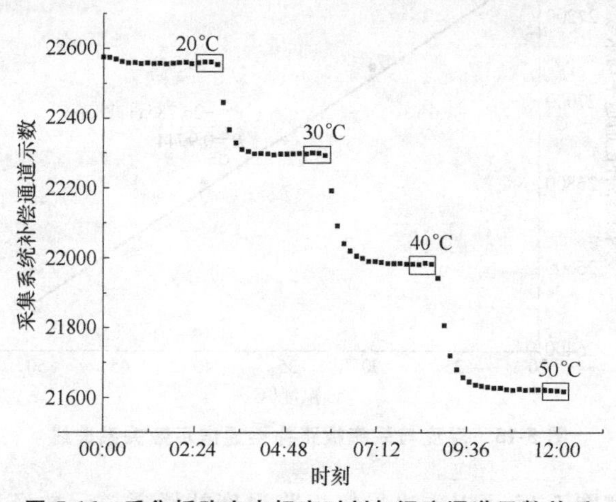

图 5-16　采集板路室内标定时刻与温度通道示数关系

根据现行国家标准《岩土工程勘察规范》（GB 50021—2001）的规定和5.3.2 小节所述取值方法，求出各个温度段对应的采集板路温度通道平均示数见表 5-7。

表 5-7　各个温度段对应采集板路温度通道平均示数

恒温箱设置温度/℃	第 14 通道（接入固定电阻）平均示数	第 14 通道（接入固定电阻）相对平均示数
20	22561	0
30	22301	-260
40	21984	-577
50	21618	-943

然后用事先标定好的温度关系式为 $y=2643.5x-136620$ 的高精度铂金热敏电偶代替采集板路第 14 通道的固定电阻，重复温度标定试验（试验温度设置为 20℃、30℃、40℃和 50℃），得到各个温度段相应的计算温度，即可以得到采集板路工作环境的变化值，将计算温度与图 5-16 得到的板路纯温度系数（即-26.785）作乘积见表 5-8。

表 5-8　第 14 通道接入铂金电阻双温度补偿室内标定结果

恒温箱设置温度/℃	第 14 通道（接入铂金电阻）平均示数	计算温度/℃	计算温度与板路纯温度系数乘积	计算温度与板路纯温度系数乘积相对值
20℃	-83899	20.21	-541.28	0
30℃	-56536	30.42	-814.91	-273.63
40℃	-31986	39.59	-1060.41	-519.13
50℃	-3965	50.05	-1340.62	-799.34

对比 4 组温度标定试验结果见表 5-9 所示，并对 4 组试验数据进行趋势回归分析如图 5-17 所示。

表 5-9　3 种双温度补偿方法对比

恒温箱设置温度/℃	第 14 通道相对平均示数	第 14 通道（接入固定电阻）相对平均示数	第 14 通道（接入铂金电阻）求得的相对值
20	0	0	0
30	-220	-260	-273.63
40	-492.5	-577	-519.13
50	-802	-943	-799.34

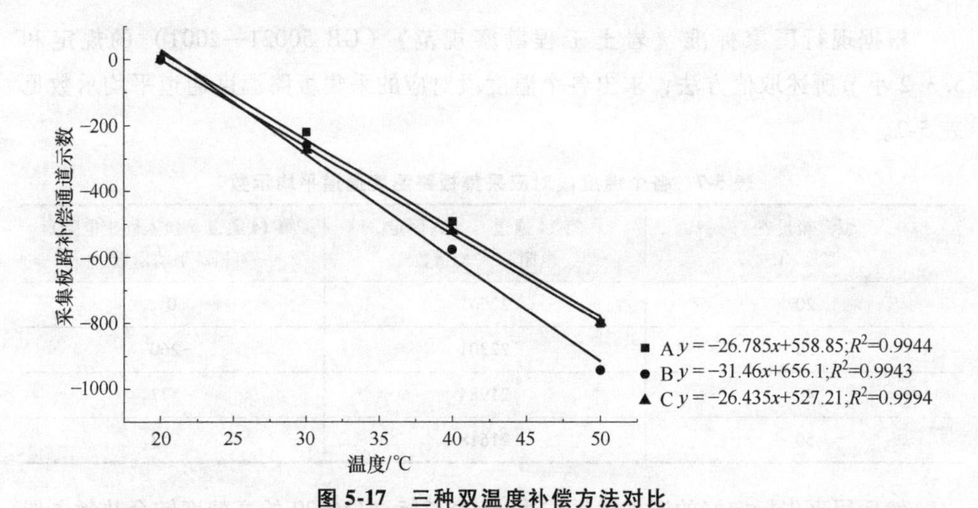

图 5-17　三种双温度补偿方法对比

A—采集系统温度-温度通道示数关系　B—补偿通道接入固定电阻温度-温度通道示数关系

C—补偿通道接入铂金电阻温度-温度通道示数关系

如图 5-17 所示，在 20~50℃温度段室内标定出的采集板路纯温度补偿系数为-26.785，即温度每升高 1℃采集板路温度补偿通道示数会相应减少 26.785。而在工程应用的两种采集板路温度补偿方法中，采用低温度系数固定电阻接入采集板路第 14 通道，试验得到的温度补偿系数为-31.46，室内对比试验显示，在采集板路第 14 通道接入 2ppm/℃低温度系数电阻测试得到的采集板路温度系数与真实采集板路温度系数误差为 5ppm/℃；若在采集板路第 14 通道接入高精度热敏铂金电偶，测试得到温度补偿系数为-26.435，误差为 0.35ppm/℃。室内对比试验显示，在采集板路第 14 通道接入高精度热敏铂金电偶测试得到的采集板路温度系数与真实的采集板路温度系数较为接近，能准确反映真实的采集板路温度系数。在岩体应力长期监测过程中监测环境温度变化较大，由此引起的采集板路温度漂移应该采用在采集板路第 14 通道接入高精度热敏铂金电偶的双温度补偿方法进行误差剔除，提高对岩体应力监测精度。

5.4　边坡岩体扰动应力监测

5.4.1　长期监测系统在岩体边坡工程中的方案设计

1. 岩体扰动应力长期监测系统供电、数据传输模式设计

监测过程中环境复杂，需要尽可能地保证纯净供电的连续，而部分测试现

场无法实现人员的定期维护和数据导出。因此，除了断电续采功能的研发之外，针对现场测试情况对系统供电-续电、无人值守、无线传输等性能进行开发和标定，实现岩体应力扰动的长期、稳定监测。

长期监测过程中，根据监测环境和目的不同，监测间隔和数据传输方式需要有多种选择。针对边坡体无人工作环境，设计浮充式蓄电池过滤电流、长效续电和太阳能供电系统，配合窄带无线数传设计，实现无人值守采集；针对井下采空区监测环境，设计原位数字化并有线传输至井下环网模式。针对不同传输模式，开发采集电路板通用型接口，可根据不同模式选择连接无线模块、232 有线模块、485 有线模块等功能。

2. 系统在岩体边坡应用中的供电、数据系统开发

针对边坡岩体无人工作环境大多情况下阳光充足，日照时间长，且无高大建筑遮挡，采用窄带无线数传传输设计（AS61-DTU30 型），无线数传电台通过窄带传输，小功率达到远距离，RS232/RS485 电平两种选择，体积小操作简单易懂，工作温度-40～+85℃，如图 5-18 所示。

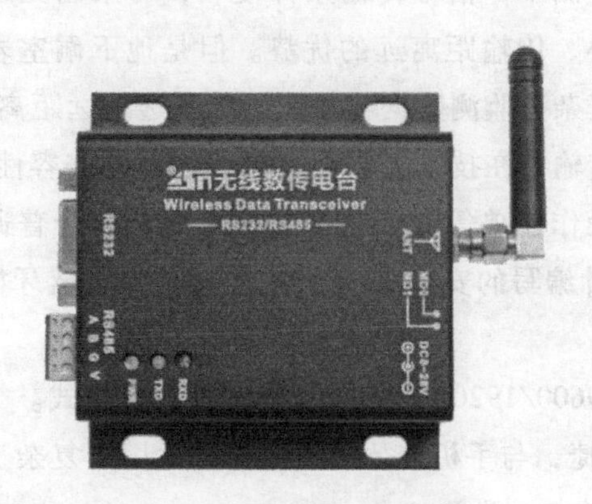

图 5-18　通用型无线数传电台

为满足长期监测需求，无线数传电台性能要求如下：

1）嵌入高速低功耗单机片和高性能射频芯片，窄带传输，小功率能达到远距离。

2）采用高效的循环交织纠检错编码，抗干扰和灵敏度高。

3）体积小巧便捷，RS232/RS485 电平与 PC 或笔记本电脑相连，操作简单易懂。

4）具有数据加密和压缩功能，数据量小，对接收显示端的硬件要求较低。

5）工作温度-40～+85℃，可连接各种 SMA 发射天线，满足大部分工程环境要求。

边坡岩体监测中，由于信号传输条件便利，且需实现无人值守测量，因此采用无线传输模式。无线传输模式中测量电路和信号传输电路均需稳定电源，其中采集板路工作电压为5V，无线模块为8~28V根据供电需求，选配太阳能双电压稳压供电系统。采集电路为低耗能电路，一次充电可满足4天连续测量和1个月待机和测量电路4天稳定传输，选配蓄电池容量为12V/9Ah，并可根据工程需要进行调整选择。

为满足露天工作环境的供电、防雷、防雨等条件和长期温度变化条件，供电系统需满足：

1）工作温度-40~+85℃，满足大部分工程环境要求。

2）太阳能或交流电快速充电，充电时间短，供电稳定。

3）12V和5V电压输出通道，满足无线模块和采集板路供电需求。

4）过压、过流、过放、短路保护，对监测系统起保护作用。

岩体边坡应力监测中，信号传输条件便利，可采用无线数传电台进行窄带信号传输，有功率小、传输距离远的优势。但是地下硐室岩体应力监测时受围岩影响且地质条件复杂，监测数据若要进行无线透地远距离传输或者接入巷道、隧道信号环网进行传输，在技术上仍需解决稳定性和兼容性问题。考虑便携性、数据传输稳定性和操作简单等方面，选用蓝牙模块配合普通安卓系统手机或者IPAD，通过自行设计编写的安卓APP实现数据传输，蓝牙模块。蓝牙模块具有以下性能：

1）2400/4800/9600/19200/38400bit等多种通信格式。

2）体积小巧便捷，与手机蓝牙无线传输，适用于复杂工程环境（安卓系统智能手机、IPAD可直接读数）。

3）工作温度-10~+60℃，满足大部分工程环境要求。

4）操作简单易懂，数据传输快捷稳定。

5.4.2 岩体边坡扰动应力监测系统的构建

1. 测点位布设原则

1）监测点可不均匀分布，对整个坡体稳定性有关键作用的块体，应重点控制，适当增加监测点，但对于边坡体内变形较弱的块段也宜有监测点予以控制。

2）监测点应尽量靠近监测剖面。若受条件限制或其他原因，亦可单独布点。

3）对于大型边坡，可在同一钻孔内设置两个测点，两测点间距5m，以保证监测数据的稳定性和可靠性。

4）若在构造物上布设监测点，同时应在其附近也布设一定数量、相同监测方法的监测点，以便对比分析。

5）监测点不要求均匀分布，对于变形较大的部位，应尽可能布设。

2. 边坡长期扰动应力监测系统的现场构建

每孔孔内布设同心 1~2 个测点，采用窄带无线数传方式进行信号传输；供电采用 12V 防雷稳压太阳能蓄电池，以实现无人值守并保证雷雨天气下测试设备安全；采用可续采型采集系统以防止梅雨天气下太阳能供电不足（供电不足可处于停机状态，待太阳能电池蓄满后数据可接续），远程监测系统布设方案，如图 5-19 所示。安装监测空心包体探头后，进行采集模式等调试设定。

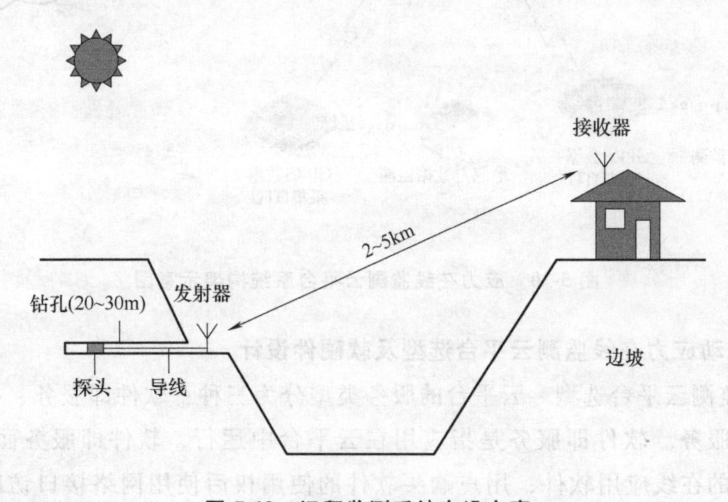

图 5-19　远程监测系统布设方案

5.5　地下工程扰动应力监测

5.5.1　长期监测系统在地下工程中的方案设计

建立井下扰动应力监测系统，使用空心包体应变计进行监测，利用电源转换装置和井下电网进行应变计电力供应，使用光纤网络传输监测数据，中心机房配合服务器软件进行数据采集和存储。建立应力在线监测系统并通过云平台实施，应力在线监测云平台系统设计方案概念如图 5-20 所示。该监测平台不仅具备云平台技术架构成本低、系统响应速度快、稳定性强、运营成本低等特点，还能够适应地下工程网络传输困难等限制性条件，使应力监测数据实现多测点互联，监测数据实时上传入网形成监测网络，通过云平台网络对监测数据进行综合分析，便于对地应力分布规律及演化特点进行综合研究分析。

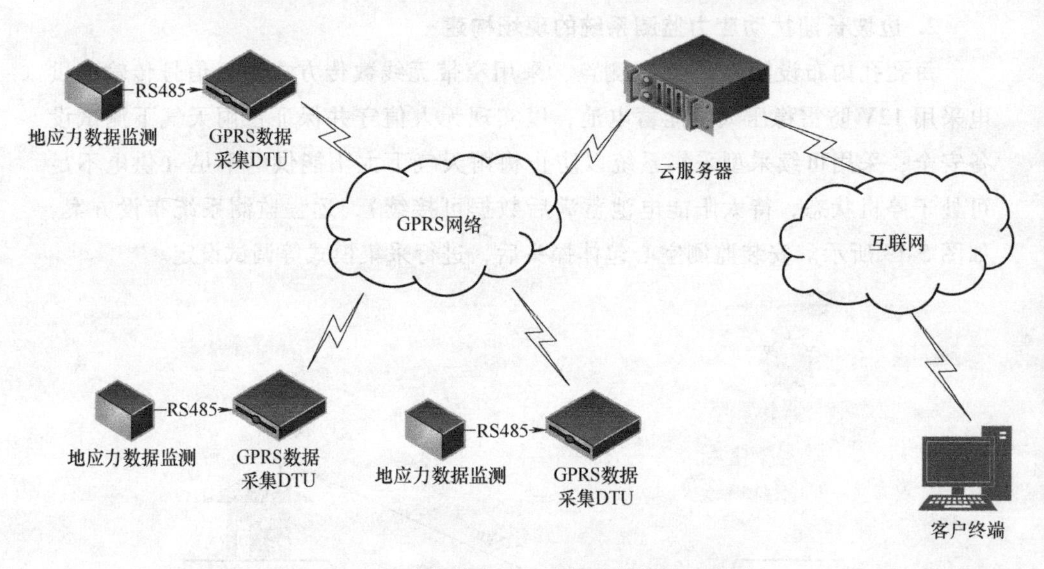

图 5-20　应力在线监测云平台系统构架示意图

1. 扰动应力在线监测云平台选型及软硬件设计

1）监测云平台选型　云平台的服务类型分为三种：软件即服务、平台即服务和附加服务。软件即服务是指应用在云平台中运行，软件即服务面向用户，提供稳定的在线应用软件，用户购买软件的使用权后使用网络接口访问应用软件，获得服务；平台即服务是指云平台的直接使用者是开发人员，为开发人员提供稳定的开发环境；附加服务是指安装在本地的应用程序可通过访问云中的特殊应用服务来加强功能，因为这些服务只对特定的应用起作用，所以它们可被看成是一种附加服务。

针对云平台的服务类型和应力扰动在线监测云平台的特点，选择腾讯云服务器作为应力在线监测的云平台基础，云服务器管理界面如图 5-21 所示。该服务器具备登录方便快捷、服务器软件开发环境稳定和数据存储可靠等特点。

2）监测云平台硬件设计　应力在线监测云平台硬件支持主要分为监测仪器、网络传输组件和电源供给模块三部分。监测仪器主要为自主研发的基于空心包体解除理论的监测用空心包体应变计，如图 5-22a 所示，该应变计不仅能对现场应变数据进行准确采集，而且利用应变计配备的高精度热敏电偶可通过双温度补偿技术剔除环境温度变化造成的误差应变值；网络传输组件包含 WIFI 模块（或 4G 模块）、路由器、光纤收发器、光缆等部分，如图 5-22b 所示，网络传输组件可将测点处采集应变数据经井下光纤网络传输至井上路由器，再由路由器将数据上传至互联网，是井下数据传输网络的重要组件；电源供给模块主要包含电源转换装置等，如图 5-22c 所示，电源转换模块是用电设备的能源支撑模块。

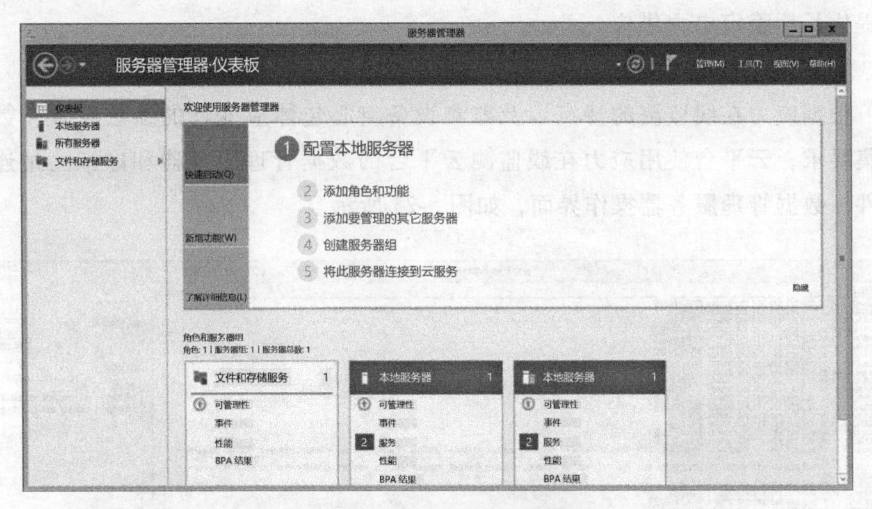

图 5-21　云服务器管理界面

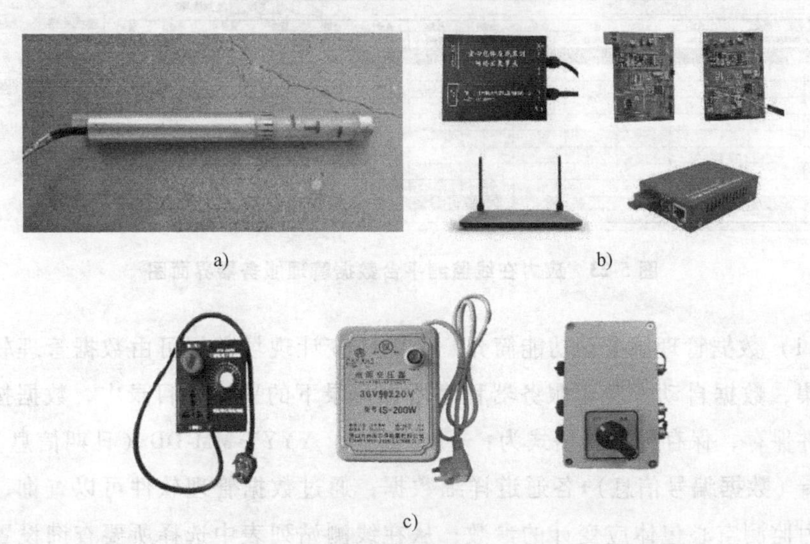

a)　b)　c)

图 5-22　云平台主要硬件设备图

a）监测用空心包体应变计　b）网络传输组件　c）电源供给模块

WIFI 模块（或 4G 模块）是使应变计采集数据传输至互联网的重要转码部件，可以根据现场是否具备 4G 信号传输条件灵活选择，进行露天边坡应力监测时可使用 4G 模块，进行深部工程地应力监测时可使用 WIFI 模块配合井下网络进行。

电源转换模块核心部分基本原理取自变压器和逆变器原理，可以将深部工程井下电源系统电压进行调节转换，使其能够给监测用空心包体应变计和各组件提供长期稳定电力供应。

2. 监测云平台软件设计

根据应力在线监测的特点以及监测设备空心包体应变计的参数设置和数据采集要求，云平台使用应力在线监测云平台的数据管理服务器和虚拟测站连接软件。数据管理服务器操作界面，如图 5-23 所示。

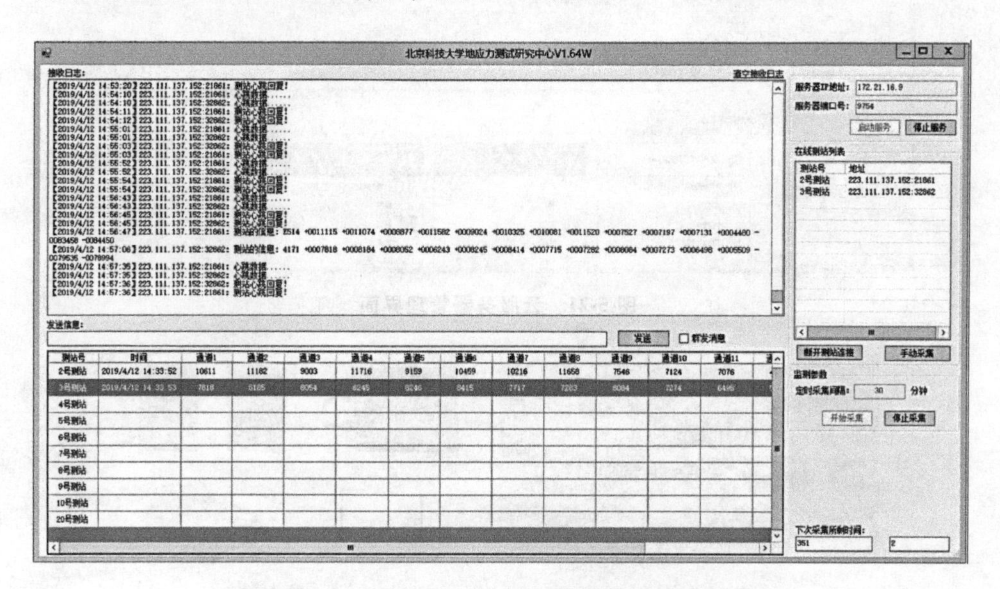

图 5-23　应力在线监测平台数据管理服务器界面图

（1）数据管理服务器功能简介　监测应变计现场数据可由数据管理软件自动采集，数据自动保存于服务器程序所在目录下的\数据\目录中，数据按站号分文件保存，保存的数据格式为：（ASCII 码）YYYY-MM-DD（日期信息）+hh：nn：ss（数据编号信息）+各通道详细数据；通过数据管理软件可以查询、设置地应力监测空心包体应变计的参数；从在线测站列表中选择所要查询设置的测站，然后就可以通过地应力监测服务器控制界面使用指令查询或者设置其参数。

（2）虚拟测站连接软件功能简介　虚拟测站连接软件的主要功能是在监测

云平台本地服务器创建虚拟测站，通过虚拟测站是否成功连接到监测云平台数据管理服务器来判断数据管理软件服务器是否创建成功。使用时首先运行虚拟测站程序，实际应用时设置服务器IP地址与端口号和云平台数据管理服务器IP地址和端口号相同，设置虚拟测站客户端的名称，单击连接服务器则虚拟测站与数据管理服务器将进行主动连接，从数据管理服务器操作界面测点编号处应能看到虚拟测站编号，单击对应编号可查看虚拟测站数据。虚拟测站连接软件正常连接表明云平台监测数据服务器搭建成功。

5.5.2　地下工程扰动应力监测系统的构建

1. 在线监测系统实施方案设计

监测系统设计时主要考虑三个设计要点：应变计安装、现场网络组件安装、网络架构。具体实施方案及操作步骤如下：

（1）应变计安装　应变计安装时合理选择测点位置是扰动应力监测结果是否准确合理的基础，因此在测点选择时应综合考虑现场地质特点、施工扰动情况、测点空间位置等多种因素的影响。在测点位置的选择和监测用空心包体应变计的安装过程中应遵循以下原则：

1）测点应尽量选择在岩体较为完整的区域，避免由于断层等地质构造引起的岩体破碎导致应变计安装时打钻成孔困难、出现塌孔等问题使应变计难以安装，另外岩体破碎会严重影响应变计与原位岩体的胶结质量，影响监测结果的精度。

2）扰动应力监测的测点位置应该距离采空区和大硐室有足够的距离，保证监测数据的准确性。

3）监测应变计安装测点位置的岩性应该是能够代表作业区域岩性特点，避免由于岩性差异导致的影响。

4）测点选择应结合测试区域的工程地质资料，避免在地下水源丰富地区选择测试点，钻孔水流量较大时会造成应变计安装困难，胶结剂胶结质量差等问题。

（2）现场网络组件安装

1）监测系统网络组件需保证电源长期供电，因此测点区域应能够实现井下电力网络的长期稳定供电。

2）监测系统各监测组件均使用集成板路作为数据采集和传输的核心组件，因此监测系统应安装在环境较为干燥、不易受到作业人员影响的区域。

(3) 网络架构

1) 监测系统使用井下光缆作为井下、井上通信的重要组成部分，因此测点位置应便于将数据光缆并入井下已有的通信主光缆，另外由于光缆易发生折叠损坏因此测试光缆铺设路径区域应不易受施工作业和运输等影响，避免网络构建完成后受损。

2) 监测系统数据传输网络中使用的路由器等重要部件应使用防护箱进行保护，且防护箱应放置于不易受人员影响的区域，因此选择测点时应避免井下运输线路。

2. 云端监测系统集成

监测系统可使用2个或多个空心包体应变计监测探头采集数据，其数据可用于双温度补偿，消除监测中的温度误差。监测系统使用光缆作为媒介进行井下至井上数据传输，配合WIFI模块等数据传输设备达到监测数据的在线传输和监测。监测系统集成如图5-24所示。

3. 现场施工监测方案设计

1) 根据现场施工情况确定终孔深度，钻孔基本保持水平。

2) 同一孔内不同深度同时安装2套监测用空心包体应变计的监测方案，监测应变计埋设方式如图5-25所示。

3) 在应变计安装之前，使用工具将钻孔内部清除干净，之后预埋直径25mm的注浆管和直径16mm的排气管至孔底。

4) 注浆时应考虑岩体破碎引起的水泥浆体向钻孔周围岩体中渗漏问题，所以浆液注满钻孔后应等待浆液流动填充周围裂隙，之后重复该过程直至孔内浆液基本不会再继续减少，排气孔内开始有浆液流出，则表明钻孔内部注浆完成，注浆的同时使用该水泥浆液制作150mm×150mm×150mm（立方体）和50mm×100mm（圆柱）试样各3组，作为后期水泥浆力学参数试验的试样。

5) 测点处各组件安装时应保证数据信息流中各组成仪器正常工作，因此组成仪器和主要设备应放置于金属电气箱中进行防护，将主要数据线和电源线按照连接方式提前进行规划设计，避免连接时出现连接线缠绕不通、插头无法连接等问题，测点处设备安装的具体布置如图5-26所示。岩体内同孔安装2套监测用空心包体应变计，电气防护箱置于应变计安装孔外，人员不宜触碰的高处位置，防护箱内设置井下路由器1台，WIFI模块2个以及电源转换装置一个。电源转换装置为用电设备提供电力保证，WIFI模块将应变计数据传输至井下路由器，井下路由器使用网络连接线与光纤收发器相连，通过测点处各组件设备的支持，实现监测用空心包体应变计扰动应力监测数据的现场采集和传输。

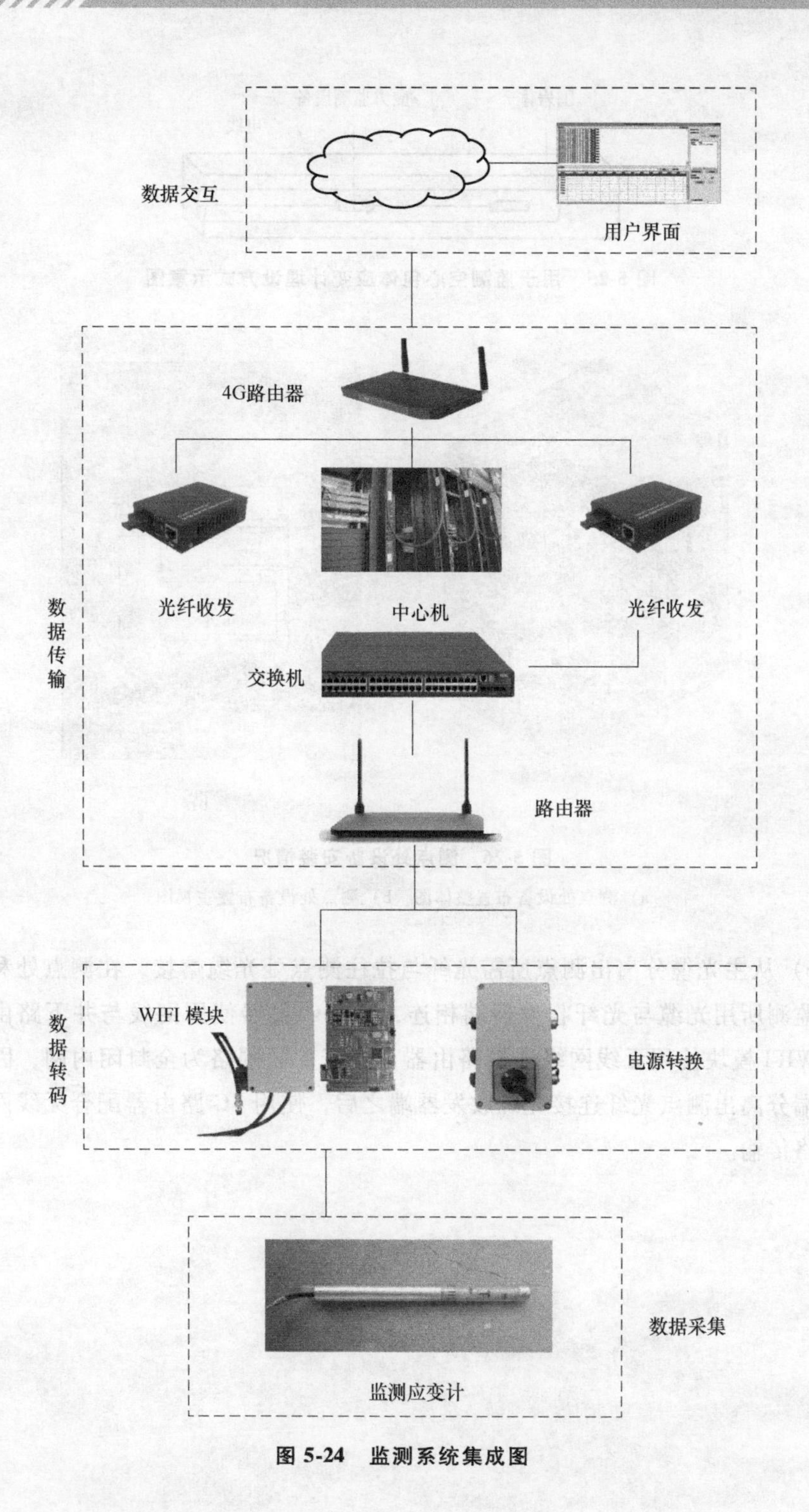

图 5-24　监测系统集成图

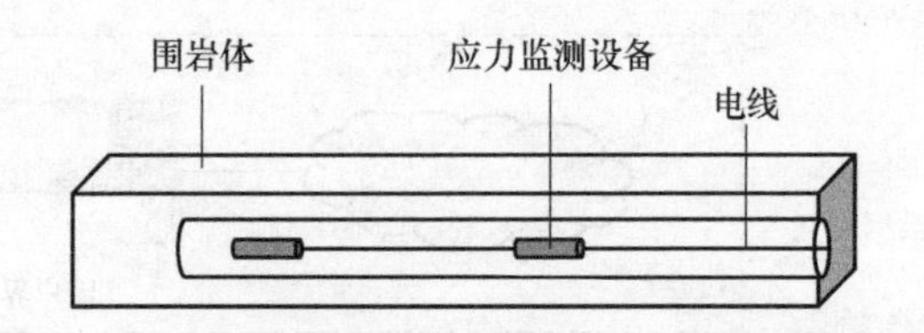

图 5-25　用于监测空心包体应变计埋设方式示意图

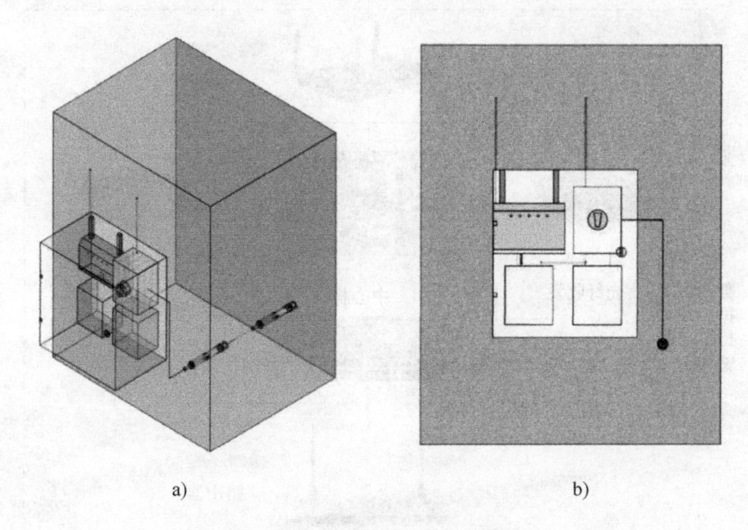

a)　　b)

图 5-26　测点处设备安装情况

a）测点处设备布置整体图　b）测点处设备布置主视图

6）从主光缆分离出测点所需光纤与拉往测点处光缆熔接，在测点处利用尾纤将监测所用光缆与光纤收发器端相连，光纤收发器使用网线与井下路由器连接，WIFI 模块使用无线网络连接路由器，由于矿区网络为全封闭内网，因此在机房端分离出测点光纤连接光纤收发器端之后，使用 4G 路由器配合无线网卡实现网络传输。

第6章 现场地应力测量及扰动应力监测实例

6.1 非弹性应变恢复法深部地应力测量实例

在川藏线某段共进行4次时效性应变现场采集测试，将4次测试所取钻孔岩芯分别命名为：XL-01、XL-02、XL-03、XL-04。

XL-01岩芯取自钻孔深度444.0~444.4m，岩芯长度40cm，岩性为板岩，现场取芯后立即对岩芯的温度和湿度等参数进行记录。将岩芯表面打磨平整后粘贴应变片，应变片粘贴完毕待胶体初凝后连接时效性应变数据采集器和应变片引线，打开应变采集器电源进行应变数据采集，同时使用保鲜膜将岩芯进行覆盖防护，保持湿度基本不变。XL-01岩芯共采集岩芯滞弹性应变数据时间约为257h。现场使用采集盒进行数据采集，岩芯取芯情况及采集盒安装如图6-1所示。

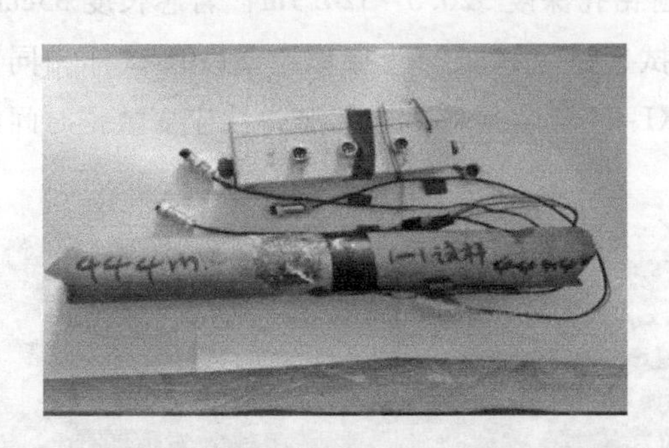

图6-1 XL-01岩芯现场取芯及采集器安装情况图

XL-02岩芯取自钻孔深度485.3~485.5m，岩芯长度为24cm，岩性为灰岩。岩芯采取后清洗、擦拭、贴片和防护等操作与XL-01试样相同，岩芯及采集器安装如图 6-2 所示。XL-02 岩芯共采集岩芯滞弹性应变数据时间约为 327h。

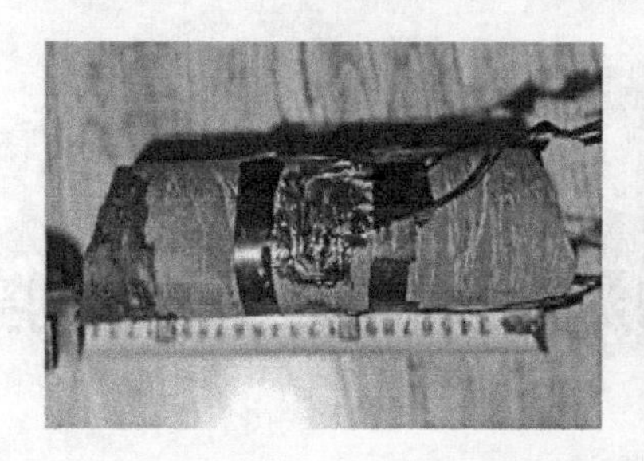
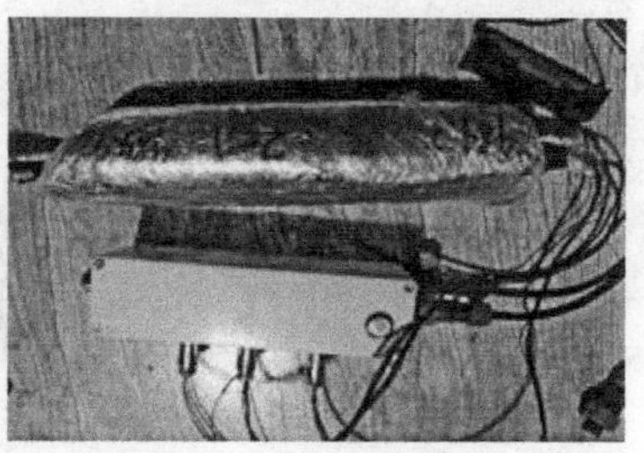

图 6-2 XL-02 岩芯现场取芯及采集器安装情况图

XL-03 岩芯取自钻孔深度 501.7～502.0m，岩芯长度 30cm，岩性为灰岩。岩芯采取后清洗、擦拭、贴片和防护等操作与 XL-01 试样相同，岩芯及采集器安装如图 6-3 所示。XL-03 岩芯共采集岩芯滞弹性应变数据时间约为 269h。

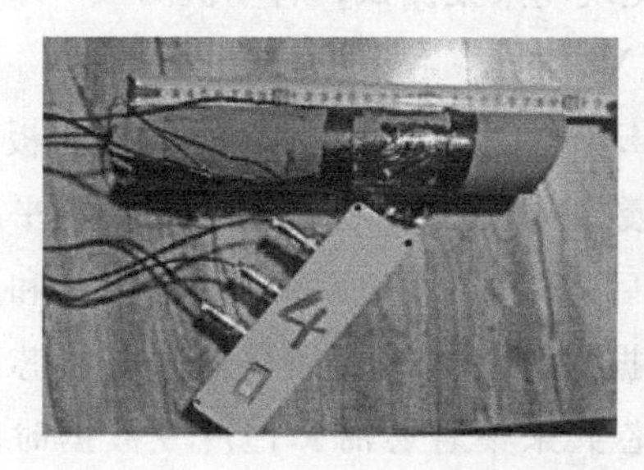
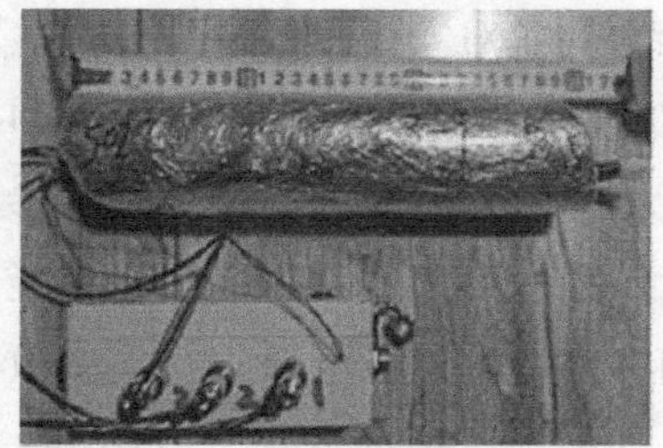

图 6-3 XL-03 岩芯现场取芯及采集器安装情况图

XL-04 试样取自钻孔深度 520.5～520.9m，岩芯长度 35cm，岩性为灰岩。岩芯采取后清洗、擦拭、贴片和防护等操作与 XL-01 试样相同，岩芯及采集器安装如图 6-4 所示。XL-04 岩芯共采集岩芯滞弹性应变数据时间约为 167h。

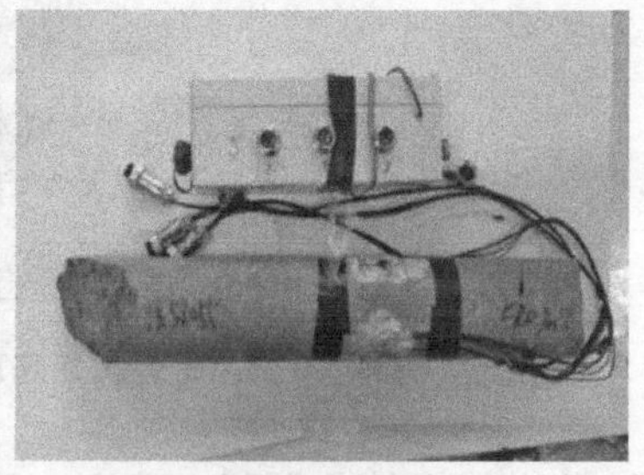

图 6-4 XL-04 岩芯现场取芯及采集器安装情况图

6. 1. 1　现场时效性试验结果

采用时效性应变数据采集器对岩芯进行定时持续应变采集，采集时间均超过7d 测量周期，将采集数据提取并保存。对采集数据分析处理后，绘制岩芯时效性恢复应变-时间曲线如图 6-5~图 6-8 所示，时效性恢复应变量在试验初期增加快，试验后期增加较为缓慢，在 3~7d 时效性恢复应变量趋于稳定达到最大值。

XL-01 岩芯出现一组应变片损坏，导致 9~12 通道数据缺失，由 XL-01 测点岩芯现场数据图可知，岩芯从原位状态解除后，时效性应变在初期变化较大，后期趋于稳定，在 150h（约 7d）左右达到最大值。

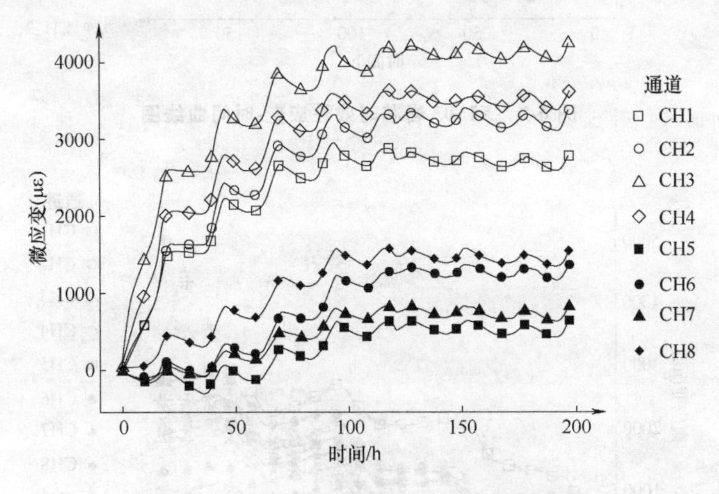

图 6-5　XL-01 岩芯时效性应变-时间曲线图

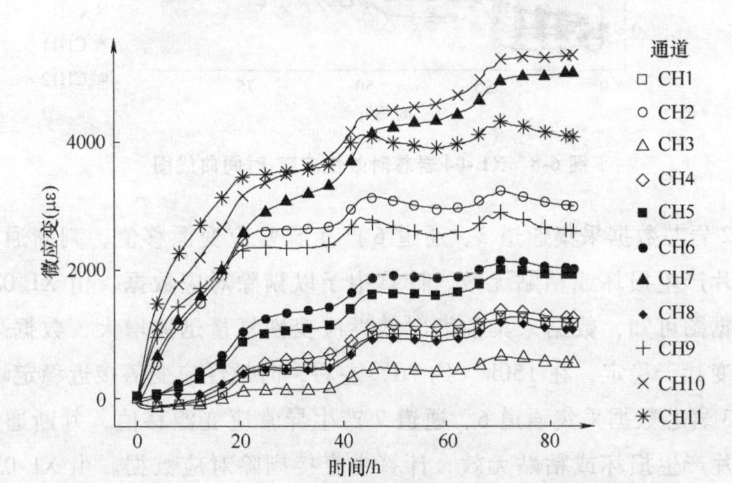

图 6-6　XL-02 岩芯时效性应变-时间曲线图

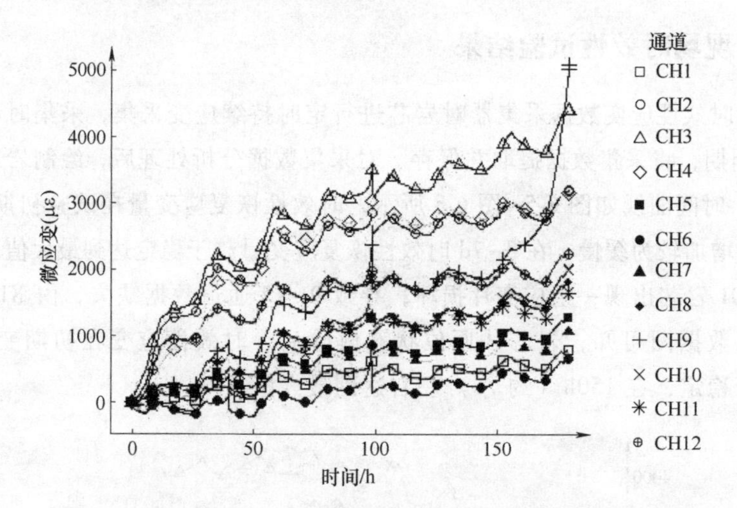

图 6-7　XL-03 岩芯时效性应变-时间曲线图

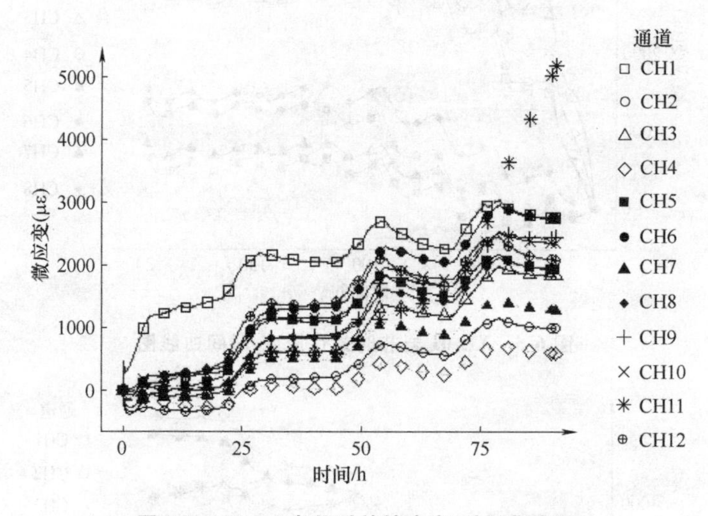

图 6-8　XL-04 岩芯时效性应变-时间曲线图

XL-02 岩芯数据采集通道 3、通道 6 产生异常应变漂移值，判断通道 3、通道 6 应变片产生损坏或粘贴无效，计算中予以剔除对应数据。由 XL-02 测点岩芯现场数据图可知，数据采集前期时效性应变恢复量迅速增大，数据采集后期时效性应变趋于稳定，在 150h（约 7d）左右，时效性应变值接近稳定峰值。

XL-03 岩芯数据采集通道 6、通道 7 产生异常应变漂移值，判断通道 6、通道 7 应变片产生损坏或粘贴无效，计算中直接剔除对应数据。由 XL-03 测点岩芯现场数据图可知，数据采集前期时效性应变恢复量迅速增大，数据采集后期时效性应变趋于稳定，在 150h（约 7d）左右，时效性应变值接近稳定峰值。

XL-04 岩芯数据采集通道 1、通道 6、通道 8 产生异常应变漂移值，判断通道 1、通道 6、通道 8 应变片产生损坏或粘贴无效，计算中直接剔除对应数据。由 XL-04 测点岩芯现场数据图可知，数据采集前期时效性应变恢复量迅速增大，数据采集后期时效性应变趋于稳定，在 150h（约 7d）左右，时效性应变值接近稳定峰值。

6.1.2　测点时效性变形测量结果及分析

1. 滞弹性应变恢复柔量标定试验结果

岩石的滞弹性应变恢复柔量（Anelastic Strain Recovery Compliances，ASRC）是利用岩石的时效性应变恢复进行地应力测量中将实测应变换算成原地应力大小的重要参数，同时也是岩石本身固有的依赖于时间效应的岩石力学参数之一，可通过室内试验进行滞弹性应变恢复柔量的标定。利用岩石的滞弹性应变恢复柔量结合滞弹性理论可计算出取芯现场测点的原位应力状态。

对于常规三轴压缩试验（$\sigma_2=\sigma_3=$围压），岩芯试样的滞弹性应变恢复柔量 $J_{aV}(t)$ 和 $J_{aS}(t)$ 可以通过式（6-1）和式（6-2）确定，即

$$J_{aV}(t)=\frac{\varepsilon_{1a}+2\varepsilon_{3a}}{\sigma_1+2\sigma_3} \tag{6-1}$$

$$J_{aS}(t)=\frac{\varepsilon_{1a}-\varepsilon_{3a}}{\sigma_1-\sigma_3} \tag{6-2}$$

式中　σ_1——最大主应力（Pa）；

σ_3——最小主应力（Pa）；

ε_{1a}——轴向滞弹性恢复应变；

ε_{3a}——环向滞弹性恢复应变。

由上述理论公式结合自主研发设计的时效性恒载仪和双轴长效加载试验系统，可分别通过单轴恒载试验和双轴恒载试验得到精确的岩芯试样时效性应变恢复柔量值。

（1）滞弹性应变恢复柔量标定　试验标定试样为测点临近岩样加工成的高径比为 2∶1 的试样，表面打磨并用酒精擦拭后粘贴应变片，调整恒载仪压头达到对中要求，对试样进行预加载，预加载完成后迅速将恒载仪重物增加至压头荷载符合要求。使用滞弹性数据采集器进行数据收集，试验初期 24h 采集间隔为 10min，之后数据采集间隔为 30min，各试样加载时间均超过 72h，期间数据

采集连续不间断进行。

岩芯时效性恒载试验完成后，对岩芯和时效性应变采集器进行温度标定试验，各通道温度系数见表 6-1，通过温度系数和试验时温度通道热敏电偶记录的环境温度变化值可剔除由环境误差造成的误差应变值。

表 6-1 岩芯试样时效性应变采集器温度标定结果表

T	N											
	1	2	3	4	5	6	7	8	9	10	11	12
10℃	—	5475	5384	5341	6395	5491	4693	4618	5407	4804	4247	4888
20℃	—	5089	4996	4957	6032	5189	4335	4250	5026	4452	3894	4500
30℃	—	4765	4673	4623	5726	4962	4027	3950	4678	4151	3622	4164
温度系数 K	—	−35.5		−35.9		−26.5		−33.4		−32.7		−36.2

注：表中 N 表示时效性应变采集器采集通道编号（1~12），T 表示温度标定时温度设定值（10~30℃，共设计三个温度段，相邻温度段温度增量为 10℃），K 表示各通道当温度变化 1℃ 时引起的温度误差应变大小。

（2）数据处理　将剔除温度误差后的时效性试验过程分为加载过程和卸载过程两部分，试验过程应变-时间曲线如图 6-9 所示。

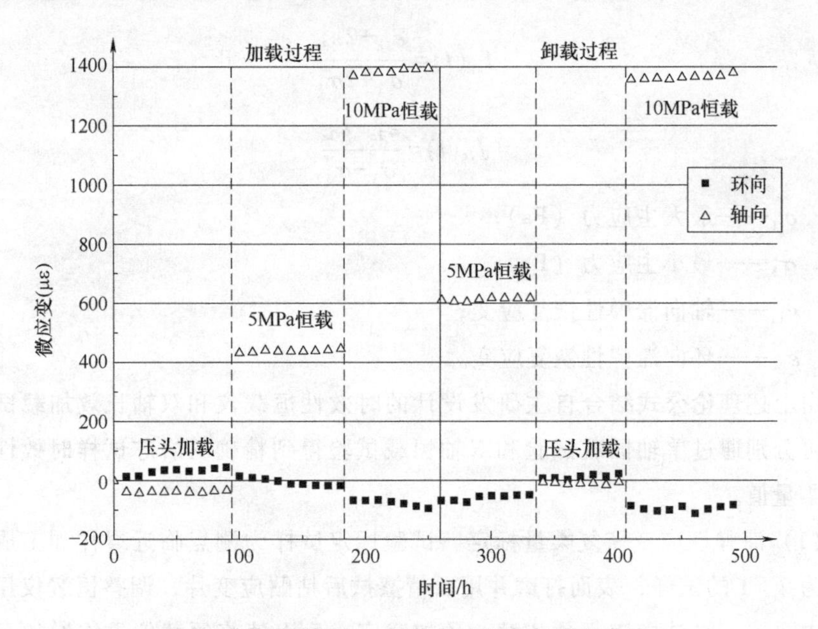

图 6-9 恒载试验加、卸载全过程应变-时间曲线

选取以上应变-时间曲线较为平稳段数据代入式（6-1）和式（6-2），可求得剪切型滞弹性应变恢复柔量与体积型滞弹性应变恢复柔量的比值，见表 6-2。

表 6-2　剪切型滞弹性应变恢复柔量与体积型滞弹性应变恢复柔量比

恒载应力/MPa	0	5	10（分级）	5	0	10（1次）
恒载时间/h	40~60	30~50.5	0.5~23	40~80	73.5~93	31~50.5
$J_{aS}(t)/J_{aV}(t)$	3.37	3.41	2.33	1.5	2.4	0.87

（3）试验结果　由表 6-2 可知，通过计算试验中各阶段得到的比值的平均值，可得到夏里乡测点处岩芯试样剪切型滞弹性恢复柔量与体积型滞弹性恢复柔量的比值为

$$J_{aS}(t)/J_{aV}(t)=\frac{3.37+3.41+2.33+1.5+2.4}{5}=2.602$$

2. 温度标定试验结果

现场测试数据将包含温度变化引起的误差应变值，需要通过室内温度标定试验标定各组应变花的温度系数，由标定所得的各通道温度系数，剔除由温度引起的滞弹性应变测量过程中产生的温度误差。

XL-01~XL-04 岩芯温度标定试验过程相同，分别对现场取回岩芯进行温度标定试验，则可得到 XL-01、XL-02、XL-03、XL-04 各通道温度系数标定结果见表 6-3。

表 6-3　XL-01~XL-04 测点各通道温度系数标定结果表

（单位：με/℃）

测点编号	应变通道序号												温度通道
	1	2	3	4	5	6	7	8	9	10	11	12	
XL-01	-27	-23	-24	-26	-29	-28	-29	-31	-30	-30	-30	-30	2755.3
XL-02	-36	-33	-33	-24	-24	-26	-29	-36	-30	-26	-27	-30	2707.4
XL-03	-24	-24	-29	-32	-30	-30	-25	-26	-25	-21	-24	-26	2729.9
XL-04	-28	-33	-36	-37	-39	-25	-28	-29	-24	-25	-30	-30	2823.5

由温度通道示数结合温度通道标定系数，可由式（6-3）得到采集时间在 120~125h 时的现场温度相对初始温度变化值，再结合根据式（6-4），可得到剔除温度误差后的各通道应变值，剔除温度误差。

$$\Delta T=\frac{\varepsilon_{T}-\varepsilon_{0}}{k_{T}} \tag{6-3}$$

$$\varepsilon=\varepsilon_0-k\Delta T \tag{6-4}$$

式中 T——应变采集器温度通道数据（℃）；

k_{T}——温度通道温度系数；

ε_0——现场应变采集器应变通道采集数据；

k——各通道温度系数；

ΔT——温度变化值（℃）。

3. 时效性变形测量结果

结合 6.1.6 节的现场时效性测量数据，对 XL-01～XL-04 测点选取的稳定阶段 120～140h 的所有数据剔除温度误差，可得到各个测点的滞弹性应变最终计算值见表 6-4。

表 6-4　XL-01～XL-04 岩芯各通道滞弹性应变剔除误差后选取计算值表

通道序号	最终微应变			
	XL-01	XL-02	XL-03	XL-04
通道 1	2750.8	1026.2	452.8	3196.2
通道 2	3258.6	1929.9	817.1	2167.8
通道 3	4117.6	—	—	—
通道 4	3533.3	939.0	709.8	1476.0
通道 5	556.9	2638.3	1260.7	2208.0
通道 6	1280.0	—	—	—
通道 7	756.1	4009.8	1232.3	—
通道 8	1482.9	3026.6	—	—
通道 9	—	460.8	1790.7	2339.8
通道 10	—	1152.1	2676.0	1223.7
通道 11	—	1672.8	—	2177.6
通道 12	—	—	—	—

4. 深部地应力计算结果

测点 XL-01、XL-02、XL-03、XL-04 计算结果见表 6-5。

表 6-5　地应力滞弹性应变恢复法地应力测量结果汇总表

测点编号		主应变 $\varepsilon(\times10^{-6})$	主应力/MPa	上覆岩层厚度/m
XL-01	垂直	11278	10.40	415.5
	水平大	3142	3.62	
	水平小	1991	3.10	
XL-02	垂直	6615.7	11.39	455.5
	水平大	1879.2	4.17	
	水平小	1382.5	3.64	
XL-03	垂直	4219.5	11.84	473.5
	水平大	683.4	3.60	
	水平小	300.1	2.98	
XL-04	垂直	10951	12.38	491.5
	水平大	711	3.02	
	水平小	139	2.64	

由应变分量求主应变的方法与前文所述相同，通过解下列方程组可得到

$$\begin{bmatrix} \varepsilon_x-\lambda & \varepsilon_{xy} & \varepsilon_{xz} \\ \varepsilon_{yx} & \varepsilon_x-\lambda & \varepsilon_{yz} \\ \varepsilon_{zx} & \varepsilon_{zy} & \varepsilon_x-\lambda \end{bmatrix} \begin{Bmatrix} l \\ m \\ n \end{Bmatrix} = 0 \tag{6-5}$$

上述方程组为齐次线性方程组，方程组非零解的必要充分条件是系数行列式为零，即

$$\begin{bmatrix} \varepsilon_x-\lambda & \varepsilon_{xy} & \varepsilon_{xz} \\ \varepsilon_{yx} & \varepsilon_x-\lambda & \varepsilon_{yz} \\ \varepsilon_{zx} & \varepsilon_{zy} & \varepsilon_x-\lambda \end{bmatrix} = 0 \tag{6-6}$$

行列式展开后为一元三次方程式。解该方程式可得到三个根 λ_1、λ_2、λ_3，它们是三个主应变 ε_1、ε_2、ε_3。将三个主应变逐个代回方程组，可求出三个主应变方向余弦 l_i、m_i、$n_i(i=1,2,3)$，且 $l_i^2+m_i^2+n_i^2=1$。

上述的求解实际是求应变分量矩阵的特征值及特征向量问题，特征值 λ_i 为主应变，特征向量为主应变的方向余弦。

根据以上方法对 XL-01～XL-04 测点进行计算可得到不同测点最大主应力方

向，见表 6-6。

表 6-6 不同测点最大主应力方向表

测点号	与 Z 轴方向余弦		与 Z 轴夹角（°）	主应力方向判断	夹角
XL-01	1-1	0.7376	42.47	水平大主应力	19.53°/104.47°
	1-2	-0.6582	131.16	水平小主应力	—
	1-3	0.1508	81.33	垂直主应力	—
XL-02	2-1	0.6192	51.74	水平大主应力	10.26°/113.74°
	2-2	0.7060	45.09	水平小主应力	—
	2-3	0.3436	69.90	垂直主应力	—
XL-03	3-1	0.7820	38.56	水平小主应力	—
	3-2	-0.4284	115.37	水平大主应力	-53.37°/177.37°
	3-3	0.4528	63.08	垂直主应力	—
XL-04	4-1	0.8229	34.62	水平小主应力	—
	4-2	0.4504	63.23	水平大主应力	-1.23°/125.23°
	4-3	0.3463	69.74	垂直主应力	—

注：钻孔方位角 62°，倾角 15°。

5. 深部地应力测量结果分析

计算可得各测点主应力与 Z 轴相交所成夹角，由于钻孔近水平，所以与 Z 轴相交接近 90°为垂直主应力，其余为水平主应力。通过比较两个水平主应力对应的应变值大小可以判断出最大水平主应力与 Z 轴的夹角。因为计算使用的都是方向余弦，因此最大主应力方向计算时使用方位角加减主应力与 Z 轴夹角。结合该区域的地质构造初步推断水平最大主应力方向为北北东向。

6.2 原位数字化空心包体应变计深部岩体地应力测量实例

6.2.1 工程概况

三山岛矿区位于莱州湾突出的小半岛——三山岛，三面环海，东面是陆地。除临海的三个相连的小山丘上见有崔召单元二长花岗岩出露外，其余均被第四系覆盖。据探矿工程揭露，第四系之下为崔召单元二长花岗岩和芦家单元片麻状细粒黑云角闪、英云闪长岩及胶东群郭格庄岩组包体。三山岛—仓上及三山岛—三元两条规模较大断裂，呈北东和北西走向，贯穿整个矿区。

该区域所处大地构造位置：华北地台（Ⅰ级）、胶辽台隆（Ⅱ级）、胶北隆起（Ⅲ级）的西缘。其西邻沂沭断裂带（Ⅱ级），东靠与金矿成矿有密切关系的新元古代玲珑超单元侵入岩（前称玲珑复式岩体）。

矿区构造以断裂为主，规模最大的为 NE 向三山岛—仓上断裂，该断裂在本矿区内出露的为其北段，地表出露和工程控制长度 1700m，构造岩带宽 50~200m。总体走向 35°，倾向南东，倾角 35°~45°，走向、倾向上均呈舒缓波状，显压扭性，由断层泥、糜棱岩、构造角砾岩、绢英岩，绢英岩化、硅化、绢云母化碎裂岩及蚀变碎裂二长花岗岩等组成；次为 NW 向三山岛—三元断裂，该断裂为区域上三山岛—三元断裂的西北端，在矿区内长 1500m，向北西伸入莱州湾，向南东延长到矿区之外，断层表浅部于 32 线于 36 线间通过，贯穿整个矿区，延深大于 600m，于-450m 左右越过 36 线，断层走向 290°~300°，倾向主要为北东，局部反倾，倾角 80°以上，断层构造破碎带宽 10~25m，由充填其中的数条煌斑岩等基性脉岩及碎裂岩、角砾岩组成。基性岩脉宽 0.3~3.0m，一般为 0.7~1.3m，破碎、具蒙脱石化，间夹围岩的角砾岩带宽 0.3~1.5m，浅部含灰白断层泥，向深部逐渐减少；次级断裂主要有分布于三山岛—仓上断裂带中及下盘 NNE—NEE 向断裂等。

6.2.2　地应力测点布置

深部地应力环境是深部动力灾害的本源驱动能量来源，在三山岛金矿深部地应力测量中，选择的地应力测量点为-795m 水平，结合现场施工条件，测点的选择基本上避开了巷道和采场的弯、叉、拐等应力集中区以及断层、岩石破碎带、断裂发育带，同时测点尽量远离大的采空区和硐室。另外，测量钻孔深度超过巷道跨度的 3 倍以上，测点距相邻巷道或其他开挖工程也超过 50m 以上，这就保证了各测点均位于原岩应力区。测点的布置位置和钻孔情况描述见表 6-7。图 6-10 为现场地应力钻孔所取得的岩芯照片。该测点的钻孔笔直且平整度比较好，这就有利于应变计探头的安装，从而确保整个解除过程顺利、有序。

表 6-7　地应力测点位置及钻孔情况

位置	坐标（x，y，z）	埋深/m	孔深/m	RQD（%）
-795m 水平	（40877.8，95957.6，-795.0）	795	8.20	91.7

现场地应力钻孔所取得的岩芯中长度大于 10cm 的岩芯总长度为 7.2m，130mm 孔深 7.85m，42mm 小孔深度 35cm，RQD 计算时钻孔总长度为 7.85m（岩芯数据见表 6-8）。

$$\mathrm{RQD}=\frac{10\mathrm{cm}\ \text{以上(含}\ 10\mathrm{cm}\text{)岩芯累计长度}}{\text{钻孔长度}}\times100\%=\frac{7.2}{7.85}\times100\%=91.7\%$$

a)

b)

图 6-10　现场钻孔及取得的岩芯照片

a）-795m 水平钻孔　b）-795m 水平岩芯

表 6-8　-795m 钻孔岩芯长度统计

编号	岩芯长度/cm	编号	岩芯长度/cm	编号	岩芯长度/cm	编号	岩芯长度/cm
1	18	7	30	13	15	19	15
2	10	8	34	14	30	20	25
3	16	9	61	15	38	21	38
4	21	10	28	16	33	22	18
5	20	11	30	17	69	23	34
6	38	12	33	18	35	24	31

在应力解除现场测地应力的过程中，钻孔质量的好坏直接影响地应力的测量结果。从岩芯的情况来看，测点的岩体质量较好，RQD 值相对比较理想，这样能保证该测点获得的地应力值有比较高的可靠性，能代表矿区应力场的整体规律。

6.2.3　现场地应力测量步骤

在选定的测点安装钻机打孔，地应力测量具体施工步骤（图 6-11）如下。

1）打大孔，直径 130mm，钻进深度 2.5~3 倍巷道跨度，钻孔水平布置，用取芯筒配合 130mm 空心钻，全段取芯，计算 RQD 值，如图 6-12 所示。大孔的精细深度由现场情况决定，如尺寸达到最低要求且该段取得的岩芯较为完整，则停止继续深入打钻；反之，若取得的岩芯过于破碎，应继续大孔进尺，直到岩芯完整时为止。

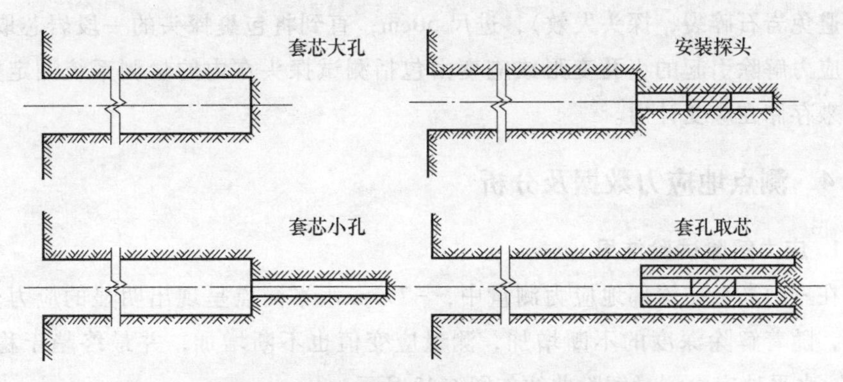

图 6-11　空心包体应力解除法测量步骤示意图

图 6-12　现场 RQD 值统计

2）大孔打完后，进行磨平及小孔开孔，使用 130mm 磨平钻配合 42mm 小钻头。磨平进尺 30cm，在开小孔的同时磨碎大孔内岩石碎块。30cm 的磨平进尺必须保证。

3）使用 42mm 小钻头从孔底打同心小孔，小孔深 35~40cm。小孔打完后用水冲洗干净，并将用丙酮浸泡过的擦拭头送入小孔中来回擦洗，以彻底清除小孔中的油污和其他脏物。

4）将胶结剂（环氧树脂）和固化剂按比例混合，搅拌均匀后注入应变计空腔内，用插销固定好柱塞，然后用带有定向器的安装杆将其送入小孔中预定位置。待应变计前部的锥形导向头碰到小孔底后，用力推安装杆，以切断插销，使柱塞进入空腔内，空腔内的胶结剂通过柱塞中心孔和后部的径向孔流入应变计和钻孔壁之间的环状间隙中。应变计两端的密封圈将阻止胶结剂从此间隙中流出。当胶结剂固化后，应变计和小孔紧密胶结在一起。

5）安装 24h 后，用 1）打大孔用的薄壁钻头继续延深大孔（打孔要慢慢推进，避免岩石碎裂，探头失效），进尺 50cm，直到将包裹探头的一段岩芯取出。由于应力解除引起的小孔变形或应变由包括测试探头在内的量测系统测定并记录下来存储在应变计内。

6.2.4 测点地应力数据及分析

1. 应力解除试验结果

在三山岛金矿深部地应力测量中，-795m 水平测点呈现出明显的应力变化规律，随着解除深度的不断增加，测量应变值也不断增加，并最终趋于稳定，-795m水平地应力测量解除曲线如图 6-13 所示。

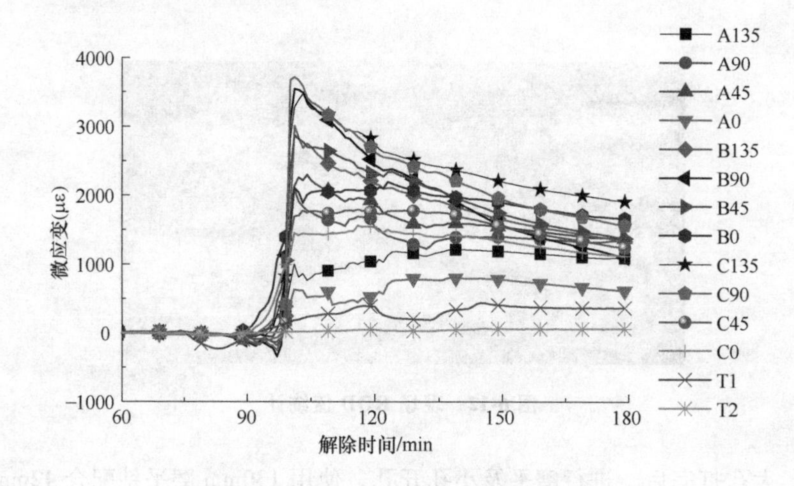

图 6-13 -795m 水平地应力测量解除曲线

水平测点有 12 支应变片可测得 12 个方向的应变值，如图 6-13 中所示，A90、A0、A45、A135、B90、B0、B45、B135、C90、C0、C45、C135 分别代表 12 支应变片。其中 A、B、C 代表三组应变花，每组应变花由 4 支应变片组成，下标数字（90、0、45、135）表示该应变片与钻孔轴线方向的夹角。在应力解除过程中测得的应变计的最终稳定应变值见表 6-9。

表 6-9 应变计测得的最终稳定应变值

测点	应变值（με）													
	A0	A45	A90	A135	B0	B45	B90	B135	C0	C45	C90	C135	T1	T2
-795m 水平	512	1064	1381	1287	1546	1226	978	1256	1013	1807	1482	1139	359	65

2. 围压率定试验结果

在数据处理过程中，为了获取准确的岩体力学参数，需进行围压率定试验，来确定岩芯的弹性模量与泊松比见表 6-10。典型的围压率定曲线，如图 6-14 所示。计算公式为

$$E=\frac{P_0}{\varepsilon_\theta}\cdot\frac{2R^2}{R^2-r^2} \tag{6-7}$$

考虑胶体的影响，公式可修正为

$$E=K_1\cdot\frac{P_0}{\varepsilon_\theta}\cdot\frac{2R^2}{R^2-r^2} \tag{6-8}$$

$$\nu=\frac{\varepsilon_z}{\varepsilon_\theta} \tag{6-9}$$

式中　E——弹性模量（Pa）；

ν——泊松比；

K_1——补偿系数（当 $E\geqslant 50$MPa 时，$K_1=1.12$）；

P_0——围压（Pa）；

ε_θ、ε_z——岩芯的径向应变、轴向应变；

R、r——岩芯的外径、内径（m）。

表 6-10　弹性模量和泊松比值

测点号	E/GPa	ν	K_1	K_2	K_3	K_4
-795m 水平	39.33	0.26	1.1986	1.1623	1.1266	0.9129

3. 温度标定试验结果

空心包体应变计地应力测量中，温度对应变片测量精度的影响都是不可忽略的。测点位于井下 -795m 水平，巷道温度 45℃，岩体温度（岩体渗水温度 60℃）。采用原位数字化瞬接续采型空心包体地应力探头进行应力解除法地应力测量，探头内设置完全温度补偿用测温通道（图 6-13 中 T1 通道）。同时考虑采集电路位于高温岩体中也受到温度影响，因此于采集电路内加入 2ppm 温度系数电阻用以标定采集电路温度误差实现测量电路与采集电路的双温度补偿（T2 通道）。

由温度标定试验测得测点各应变片的温度应变率，见表 6-11。

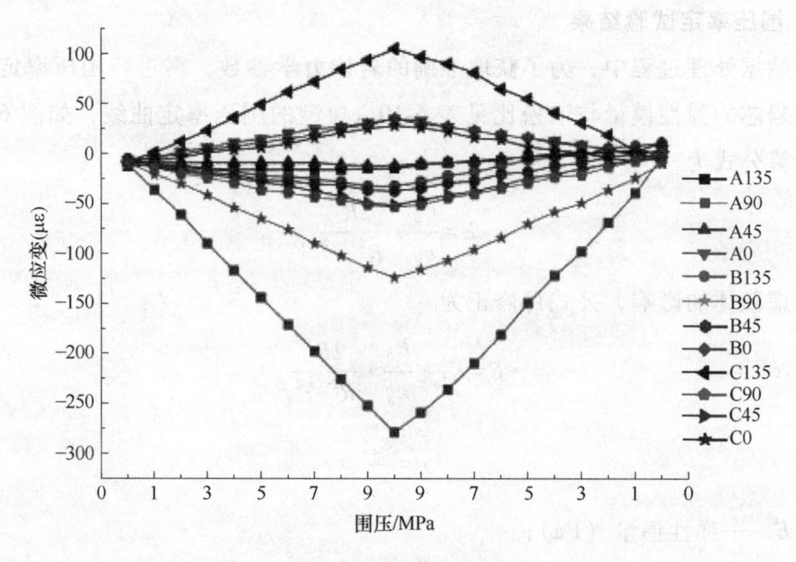

图 6-14 围压率定曲线

表 6-11 −795m 水平测点各应变片的温度应变率标定结果

−795m 水平测点	各通道应变片温度应变率（με/℃）													
	A0	A45	A90	A135	B0	B45	B90	B135	C0	C45	C90	C135	T1	T2
30~35℃	53	67	63	57	29	17	34	69	37	−21	24	72	107	21
35~40℃	47	63	55	47	27	16	35	59	37	13	32	57	117	24
40~45℃	40	45	49	52	25	13	30	59	34	−5	26	60	124	21
45~50℃	74	110	89	18	−6	−21	21	42	8	−45	28	47	256	33
平均值	47	58	56	52	27	15	33	62	36	−4	27	63	109	22

温度修正后的解除曲线如图 6-15 所示。由应力解除过程中测得的稳定应变值在经过温度影响修正之后，便获得真正由于应力解除引起的空心包体应变计在各方向的应变值，即为最终用于地应力计算的应变值见表 6-12。

表 6-12 用于地应力计算的应变值

测点	应变值（με）											
	A0	A45	A90	A135	B0	B45	B90	B135	C0	C45	C90	C135
−795m 水平	364	876	1202	1121	1464	1184	876	1055	901	—	—	935

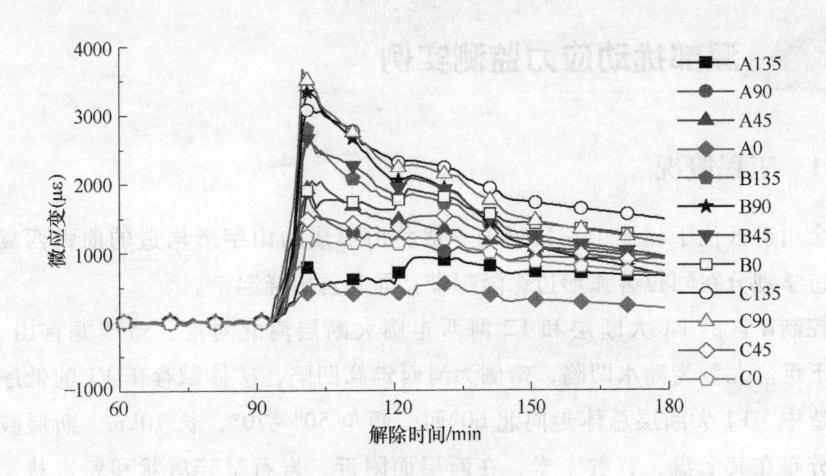

图 6-15　双温度修正的解除曲线

4. 深部地应力计算结果

通过对测量数据的分析和计算得到三山岛金矿地应力测量位置处的应力具体数据，见表 6-13。

表 6-13　三山岛金矿地应力测量结果

埋深/m	σ_1			σ_2			σ_3		
	应力/MPa	倾向(°)	倾角(°)	应力/MPa	倾向(°)	倾角(°)	应力/MPa	倾向(°)	倾角(°)
795	48.93	164.09	3	23.15	74.41	−5.97	21.66	47.22	83.29

5. 深部地应力分布规律

从表 6-13 中的测点的地应力的状态可以发现三山岛矿区的地应力场存在以下规律：

1）在测点处有两个主应力方向接近于水平方向，一个主应力方向接近于垂直方向。

2）最大主应力接近水平方向，其数值是垂直应力的 2.26 倍，说明三山岛金矿深部地应力以水平构造应力为主导，且均为压应力。与矿山中深部巷道变形破坏调查表明的矿区以受水平作用的构造应力为主的结果一致。

3）垂直应力基本上等于上覆岩层的重力。

6.3 深部扰动应力监测实例

6.3.1 工程概况

金川矿区位于祁连山—吕梁山—贺兰山形成的山字形构造的前弧西翼，大地构造学划分在阿拉善弧形边缘隆起带，即龙首山隆起带。

控制矿区的F1大断层和F2河西走廊大断层南北对应，造成龙首山上升，两侧下沉。北侧为潮水凹陷，南侧为河西走廊凹陷，矿体赋存于F1的低序次断裂构造中。F1大断层总体走向北60°西，倾角50°~70°，长70km。断层破碎带主要分布在其上盘，宽数十米，在断层面附近，岩石呈碎屑状和粉末状，未胶结。矿区的另一条主要断层为F16断层，位于F1断层和矿体之间，长10多公里，碎裂带宽20~60m，其西端靠近矿体，对矿体的稳定性影响很大。除各断层外，岩层中的节理及层间滑面也极为发育，各种破裂面、破碎带及糜棱岩带、片理岩带等造成矿体围岩松软、破碎，给采矿工程稳定性维护造成了很大困难。

6.3.2 扰动应力测点布置

扰动应力监测系统安装位置选择在甘肃省金昌市金川镍矿二矿区1150有轨联络道内，具体位置位于二矿区1150水平30行位置，测点所处位置埋深约为650m，测点具体位置如图6-16所示。本次监测项目实施过程测点所处位置区域地质构造复杂，原位岩体包含较多节理裂隙，岩石较为破碎。由于金川二矿区所处位置自吕梁运动以来历经多期地质构造作用，使得测点区域岩石组合情况由于变质作用和岩浆侵入作用变得非常复杂。测点所处位置地质条件可以总结为：岩石类型繁多、结构面软弱且互相切割、地应力水平较高，水平主应力比垂直主应力大。

6.3.3 现场扰动应力监测步骤

1. 监测步骤

1）钻取试验钻孔至设计位置。试验区域岩体的节理十分发育，岩体十分破碎，所以在试验洞段利用地质钻机施工打钻时，岩芯破碎，花岗岩取芯率为0，并且在成孔不久后，甚至在打钻过程就会出现塌孔现象（图6-17）。故设计试验孔为水平孔，孔径130mm，孔深11m。1#孔成孔如图6-17所示。

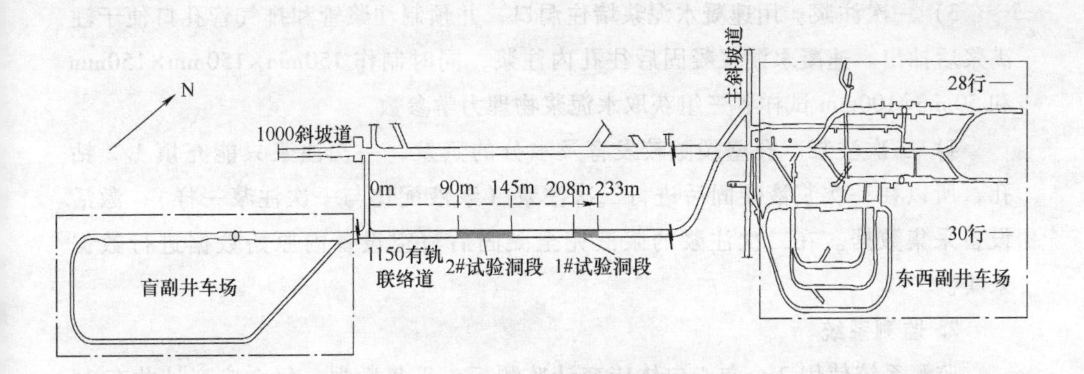

图 6-16　扰动应力监测测点详细位置说明

图 6-17　1#试验区域钻孔取芯情况

2）往试验孔内送应力长期监测设备至设计位置。为了测试围岩在不同接向方向应力变化及考虑现场施工成本，试验设计沿孔深方向 5m、10m 处分别埋设应力监测设备。在往试验孔孔内送设备前先往孔内送 25#注浆管和 16#排气管至孔底，之后往埋设监测设备至设计位置。图 6-18 所示为钻孔施工现场及所用空心包体式监测应变计。

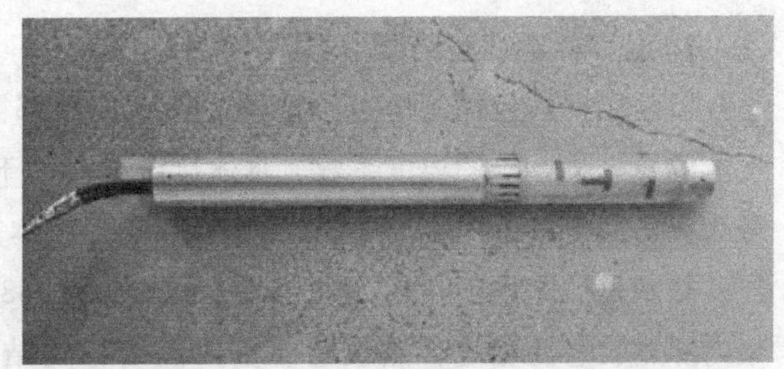

图 6-18　钻孔施工现场及所用空心包体式监测应变计

3）一次注浆。用速凝水泥浆堵住洞口，并预制注浆管和排气管孔口便于注满浆后抽出。速凝水泥浆凝固后往孔内注浆，同时制作 150mm×150mm×150mm 和 50mm×100mm 试样各三组获取水泥浆物理力学参数。

4）二次注浆。孔壁裂隙较发育及水分的蒸发，一次注浆只能充填 1/2 钻孔，所以在一次浆液凝固后进行二次注浆（浆液配比与一次注浆一样）；激活设备采集数据。在二次注浆的浆液完全凝固后清空设备内原始数据进行数据采集。

2. 监测系统

监测系统使用 2 个空心包体应变计监测探头采集数据，每个应变计共有 14 个应变采集通道，其中 1～12 通道为轴向和纵向应变通道，13、14 通道为温度通道，其数据可用于双温度补偿，消除监测中的温度误差。监测系统使用光缆作为媒介进行井下至井上数据传输，配合 WIFI 模块等数据传输设备达到监测数据的在线传输和监测。测点现场安装有监控摄像头，可实时将现场情况传回监测平台，测点现场情况如图 6-19 所示。

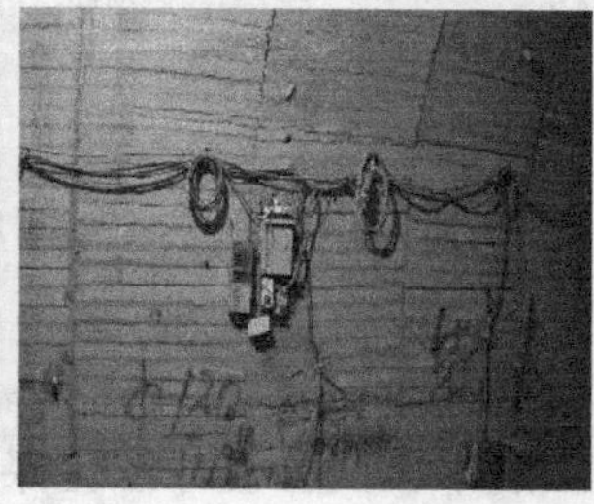

图 6-19　测点现场情况图

6.3.4　测点监测数据及分析

1. 温度标定试验结果

监测用空心包体制作过程中及制作完成后都需要进行温度标定试验测得热敏电偶及采集系统的温度系数，具体标定结果如下：5m 深度监测应变计出厂编号为 BKM-17-11，其中 13 通道与监测应变计胶体表面与岩石粘接处热敏电偶相连，热敏电偶室内温度标定结果为 $y=26.67x-1380.55$，14 通道与监测应变计骨架内部热敏电偶相连，热敏电偶室内温度标定结果为 $y=26.748x-1371.67$，如图 6-20a 所示，监测应变计制作时对采集系统进行温度标定的结果为 $y=-37.4x+1991.83$，如图 6-20b 所示。10m 深度处监测应变计编号为 BKM-17-13，13、14 温度通道连接方式与 5m 处相同，13 通道标定结果为 $y=25.406x-1396.66$，14 通道标定结果为 $y=27.351x-1393.64$，如图 6-21a 所示，采集系统标定结果为 $y=-29.992x+6989.9$，如图 6-21b 所示。

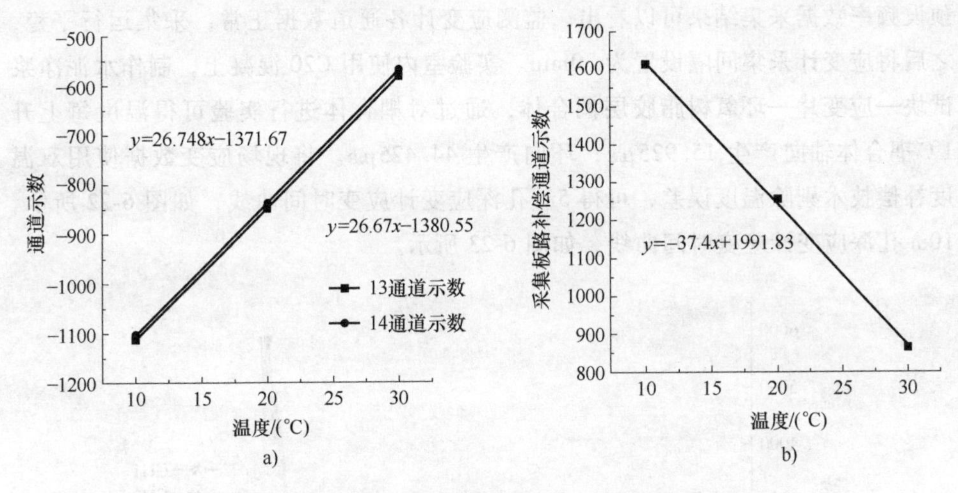

图 6-20　5m 孔深监测应变计温度标定曲线

a）13、14 通道温度标定曲线

b）采集板路温度标定曲线

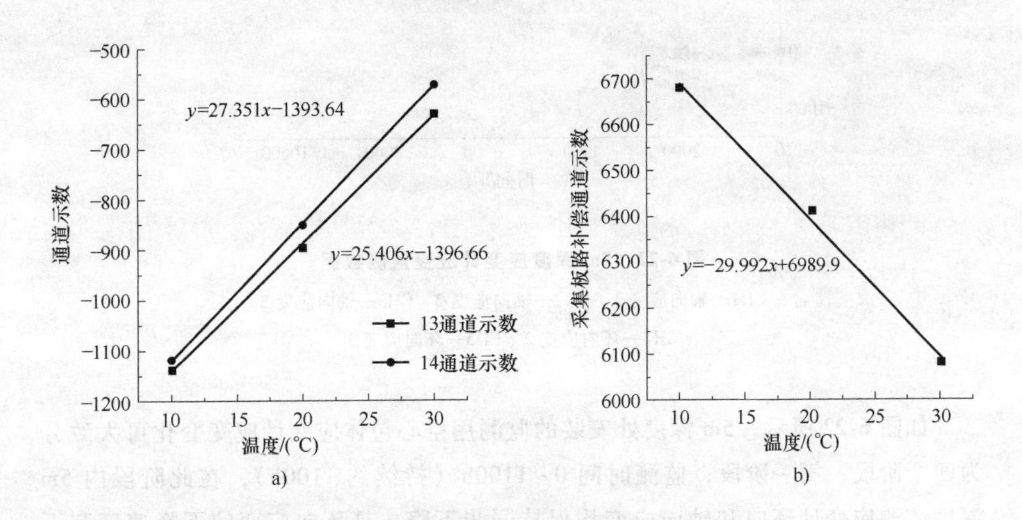

图 6-21　10m 孔深监测应变计温度标定曲线

a）13、14 通道温度标定曲线

b）采集板路温度标定曲线

2. 扰动应变监测结果及分析

监测应变计在钻孔内部安装成功后，接通监测应变计电源，开始进行数据采集，数据采集频率预设为 1 次/min，在现场处进行 30 次采集（30min）通过预设频率数据采集结果可以看出，监测应变计各通道数据正常，采集运行平稳，之后将应变计采集间隔设置为 30min。实验室内使用 C20 混凝土，制作水泥净浆试块—应变片—环氧树脂胶层耦合体，通过对耦合体进行实验可得温度每上升 1℃耦合体轴向产生 15.925με，环向产生 44.425με。将现场应变数据使用双温度补偿技术剔除温度误差，可得 5m 孔深应变计应变时间曲线，如图 6-22 所示，10m 孔深应变计应变时间曲线，如图 6-23 所示。

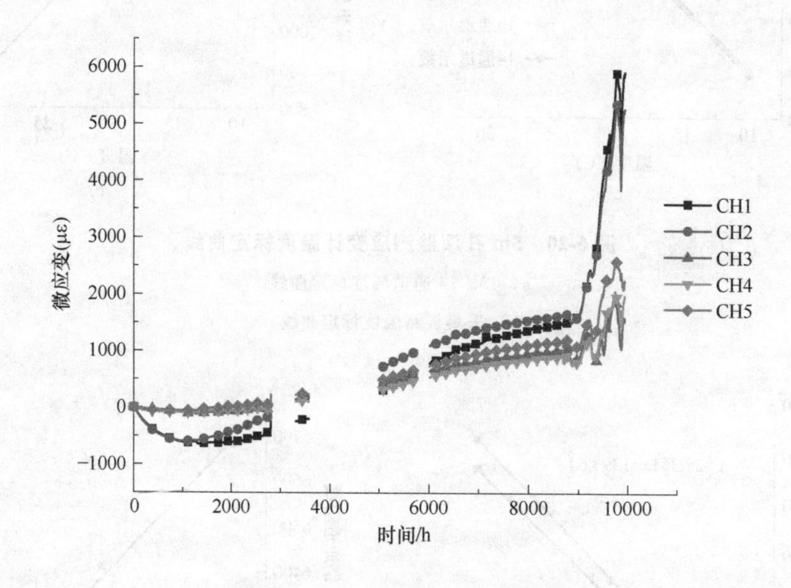

图 6-22　5m 深度应变计应变监测数据

CH1—轴向应变 1　CH2—轴向应变 2　CH3—轴向应变 3

CH4—环向应变 2　CH5—环向应变 3

如图 6-22 所示，5m 深度处安装的监测用空心包体应变计应变变化可大致分为四个阶段：第一阶段，监测时间 0～1100h（持续约 1100h），在此阶段内 5m 深度监测应变计环向和轴向应变均保持同步下降，且环向应变的下降速度和下降量值均明显大于轴向应变，环向应变约下降 800 个微应变，轴向约下降 200 个微应变；第二阶段，监测时间 1100～8900h（持续约 7800h，部分时间段现场停电，数据暂停采集），此阶段内 5m 深度监测应变计环向和轴向应变均持续增长，环向应变增加速度略高于轴向应变增速，该阶段环向应变约增加 2300 个微应变，轴向约增加 800 个微应变；第三阶段，监测时间 8900～9500h（持续约 600h），该阶段环向应变和轴向应变迅速增加，环向应变和轴向应变增速保持基本一致，该阶段环向应变共增加约 4500 个微应变，轴向约增加 1700 个微应变；第四阶段，监测时间 9500～10000h（持续约 500h），在该阶段内环向和轴向应变均产生了一定的波动现象，持续 500h 的时间内，监测的环向应变和轴向应变均经历先减小后增大的趋势，总应变量在 10000h 时基本保持不变。13 通道和 14 通道热敏电偶记录的温度值在整个监测过程中基本保持不变，其中 13 通道记录的温度差为 1.4℃；14 通道记录的温度差为 1.6℃。由于 13 通道记录的是岩石表面温度，14 通道记录的应变计内部温度，对比发现应变计内外温度差约为 0.4℃，从热敏电偶记录的温度来看基本符合现场实际情况。

如图 6-23 所示，10m 深度处安装的监测用空心包体应变计应变变化可大致分为两个阶段：第一阶段，监测时间 0～1000h，在此阶段内环向应变持续减小，共计减小约 500 个微应变，轴向应变缓慢增加，共计增大约 200 个微应变；第二阶段，1000～8000h（持续约 7000h，部分时间段现场停电，数据暂停采集），在此时间段内 10m 孔深监测应变计环向和轴向应变均持续增大，环向应变增大速率略高于轴向应变增大速率，环向应变最终增大至约 2200 个微应变，轴向应变最终增大至约 2000 个微应变。13 通道和 14 通道热敏电偶记录的温度值在整个监测过程中基本保持不变，其中 13 通道记录的最高温度为 25.6℃，最低为 24.4℃；14 通道记录的最高温度为 24.0℃，最低为 22.7℃。由于 13 通道记录的是岩石表面温度，14 通道记录的应变计内部温度，对比发现应变计内外温度差约为 1.6℃，13 通道和 14 通道温度变化情况满足深部地下岩体环境温度特征。

3. 扰动应力计算结果及分析

在金川二矿区扰动应力监测项目中，修改传统使用环氧树脂胶进行应变计粘结的公式，得到了使用水泥浆粘结监测应变计时应力应变关系的修正公式为

$$\left.\begin{aligned}(\sigma_x+\sigma_y)&=\frac{E\cdot(\varepsilon_\theta+3\nu\varepsilon_z)}{3(M-\nu^2)}\\ \sigma_z&=\varepsilon_z\cdot E+\frac{E\cdot\mu\cdot(\varepsilon_\theta+3\nu\varepsilon_z)}{3(M-\nu^2)}\end{aligned}\right\}\tag{6-10}$$

式中　ε_θ——监测探头同一环向应变片所测得应变和；

ε_z——监测探头轴向应变片所测得应变值。

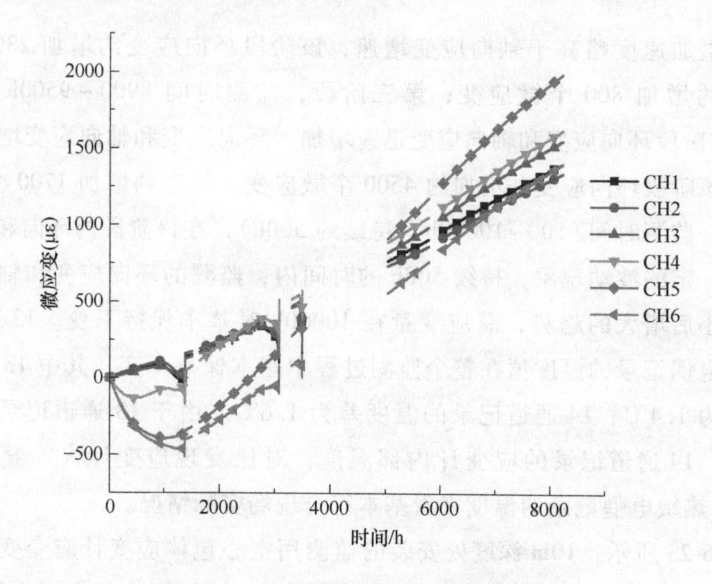

图 6-23　10m 深度应变计应变监测数据

CH1—轴向应变 1　CH2—轴向应变 2　CH3—轴向应变 3

CH4—环向应变 1　CH5—环向应变 2　CH6—环向应变 3

$$
\left.\begin{aligned}
M&=\frac{R^2}{R^2-r^2-K_0r^2}\\
K_0&=\frac{-2}{\dfrac{E}{E_1}\left(\nu_1-\dfrac{r^2+a^2}{r^2-a^2}\right)-(1+\nu)}
\end{aligned}\right\} \tag{6-11}
$$

式中　E——岩体弹性模量（Pa）；

E_1——凝固水泥净浆弹性模量（Pa）；

ν——岩体泊松比；

ν_1——凝固水泥净浆泊松比；

R——岩芯半径（m）；

r——钻孔半径，即凝固水泥净浆圆筒半径（m）；

a——监测探头半径（m）。

将金川二矿区 1150 水平监测应变计安装时所用水泥浆浇筑的立方体试块进行室内试验，得到 C20 水泥浆浇筑的试块弹性模量为 23.71GPa，泊松比为 0.14，测点处的岩石试样弹性模量为 25.47GPa，泊松比为 0.247。根据监测应变计使用水泥浆作为胶结剂时的应力-应变公式（6-10），取 $R=3r$ 进行计算，并结合前文得到测点应变时间曲线可得测点应变计应力变化时间曲线，如图 6-24 所示。

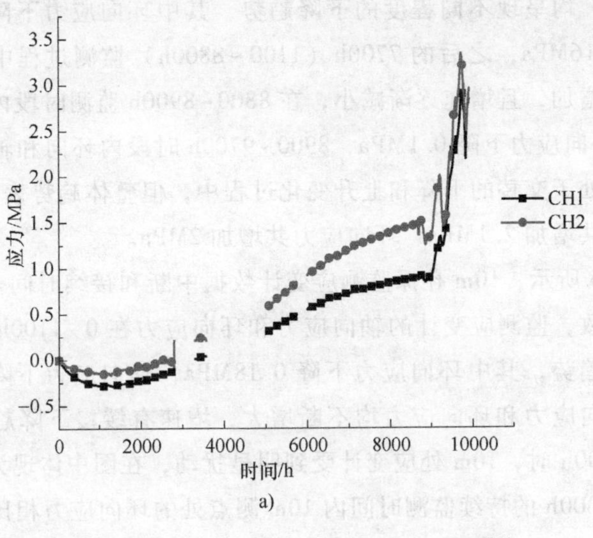

a)

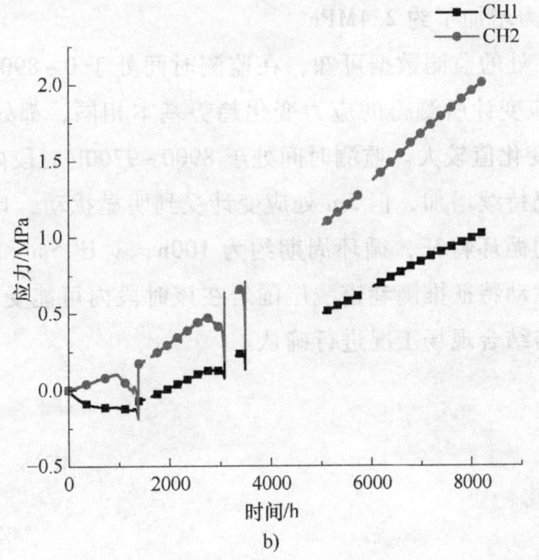

b)

图 6-24　测点应力监测曲线

a）5m 孔深应力监测曲线　b）10m 孔深应力监测曲线

CH1—环向应力　CH2—轴向应力

如图 6-24a 所示，5m 孔深监测应变计在持续近 10000h 的监测过程中，虽然因为现场施工影响及电源故障导致数据中断大约 1900h（其中 2800~3300h 时段共计 500h，3600~5000h 时段共计 1400h），但从整个监测过程来看，监测数据具备良好的规律性，5m 孔深监测应变计布设点的轴向应力和环向应力在监测初期（0~1100h）均呈现不同程度的下降趋势，其中环向应力下降 0.29MPa，轴向应力下降 0.16MPa，之后的 7700h（1100~8800h）监测过程中，轴向应力和环向应力持续增加，且增速逐渐减小，在 8800~8900h 监测时段内，轴向应力下降 0.3MPa，环向应力下降 0.1MPa，8900~9700h 时段内环向和轴向应力变化趋势基本相同，处于交替的下降和上升变化过程中，但整体趋势表现为迅速增大，其中轴向应力共增加 2.1MPa，环向应力共增加 2MPa。

如图 6-24b 所示，10m 孔深监测应变计数据中断和接续时间与 5m 深度监测应变计保持一致，监测应变计的轴向应力和环向应力在 0~1100h 时段均呈现不同程度的下降趋势，其中环向应力下降 0.18MPa，轴向应力下降 0.19MPa，监测数据显示轴向应力和环向应力均不断增大，增速有缓慢下降趋势，在监测进行 2700h 和 3500h 时，10m 处应变计受到明显扰动，在图中体现为应力曲线明显的跳动，在 10000h 的持续监测时间内 10m 测点处的环向应力相比安装时增加了约 1.2MPa，轴向应力增加了约 2.4MPa。

对比 5m 和 10m 处的监测数据可知，在监测时间处于 0~8900h 时段内，5m 处和 10m 处的监测应变计所测得的应力变化趋势基本相同，都处于持续增加状态，且 10m 处应力变化值较大。监测时间处于 8900~9700h 时段内，10m 深度监测应变计应力数据仍持续增加，但 5m 处应变计受到明显扰动，且由数据可以看出该扰动具有很强的循环特征，循环周期约为 100h，对比 5m 和 10m 处应变计的监测数据，结合扰动特征推测巷道浅层围岩在该时段内可能受到了施工影响，但具体扰动原因还需结合现场工况进行确认。

参考文献

[1] AMADEI B, STEPHANSSON O. Rock Stress and Its Measurement [M]. London: Chapman and Hall, 1997.

[2] CHRISTIANSSON R, HUDSON J A. ISRM Suggested Methods for rock stress estimation—Part 4: Quality control of rock stress estimation [J]. International Journal of Rock Mechanics and Mining Sciences, 2003, 40 (7-8): 1021-1025.

[3] HAIMSON B C, CORNET F H. ISRM Suggested Methods for rock stress estimation—Part 3: hydraulic fracturing (HF) and/or hydraulic testing of pre-existing fractures (HTPF) [J]. International Journal of Rock Mechanics and Mining Sciences, 2003, 40 (7-8): 1011-1020.

[4] HASTIKOVA A, KOLCUN A, LUBOMLR Sta, et al. In situ stress determination from excavation-induced stress by the compact conical-ended borehole overcoring method [C]. EUROCK 2016-2016 ISRM International Symposium, 2016, 2: 1203-1206.

[5] HUANGFU Q. Research on iteration fitting algorithm of In-situ stress field of nonlinear rock mass [D]. Beijing: University of Science and Technology Beijing, 2016.

[6] HUDSON J A, CORNET F H, CHRISTIANSSON R. ISRM Suggested Methods for rock stress estimation—Part 1: Strategy for rock stress estimation [J]. International Journal of Rock Mechanics and Mining Sciences, 2003, 40 (7-8): 991-998.

[7] 白金朋，彭华，马秀敏，等. 深孔空心包体法地应力测量仪及其应用实例 [J]. 岩石力学与工程学报，2013，32 (5): 902-908.

[8] IRSM. The ISRM Suggested Methods for Rock Characterization, Testing and Monitoring: 2007-2014 [M]. Germany: Springer, Cham, 2015.

[9] SJÖBERG J, KLASSON H. Stress measurements in deep boreholes using the Borre (SSPB) probe [J]. International Journal of Rock Mechanics and Mining Sciences and Geomechanics Abstracts, 2003, 40 (7-8): 1205-1223.

[10] SJÖBERG J, CHRISTIANSSON R, HUDSON J A. ISRM Suggested Methods for rock stress estimation—Part 2: overcoring methods [J]. International Journal of Rock Mechanics & Mining ences, 2003, 40 (7-8): 999-1010.

[11] STEPHANSSON O, ZANG A. ISRM Suggested Methods for Rock Stress Estimation—Part 5:: Establishing a Model for the In Situ Stress at a Given Site [J]. Rock Mechanics & Rock Engineering, 2012, 45 (6): 955-969.

[12] WANG Z, LI Y, QIAO L, et al. Development of wireless digital hollow inclusion cell with twin temperature compensation techniques [C]. YSRM 2017 & NDRMGE 2017, Jeju, Korea, 2017 (5): 392-398.

[13] GE X R, HOU M X. Principle of in-situ 3D rock stress measurement with borehole wall stress relief method and its preliminary applications to determination of in-situ rock stress orientation and magnitude in Jinping hydropower station [J]. Science China Technological Sciences, 2012, 55 (4): 939-949.

[14] CAI M, QAO L, YU J. Study and tests of techniques for increasing overcoring stress measurement accuracy [J]. International Journal of Rock Mechanics and Mining Sciences & Geomechanics Abstracts, 1995, 32 (4): 375-384.

[15] 蔡美峰. 地应力测量中温度补偿方法的研究 [J]. 岩石力学与工程学报, 1991, 10 (3): 227-235.

[16] 蔡美峰, 乔兰, 于劲波. 空心包体应变计测量精度问题 [J]. 岩土工程学报, 1994, 16 (6): 15-20.

[17] 蔡美峰, 乔兰, 李华斌. 地应力测量原理和技术 [M]. 北京: 科学出版社, 1995.

[18] 蔡美峰. 岩石力学与工程 [M]. 北京: 科学出版社, 2002.

[19] 连志升, 田良灿, 王维德, 等. 岩石地下工程 [M]. 北京: 冶金工业出版社, 1986.

[20] 黄玺瑛, 魏东平. 世界应力图 2000 版 (WSM2000) 介绍及使用说明 [J]. 地球物理学进展, 2003, 18 (2): 234-246.

[21] 刘允芳, 尹健民, 刘元坤. 空心包体式钻孔三向应变计测试技术探讨 [J]. 岩土工程学报, 2011, 33 (2): 291-296.

[22] MEYER J P, LABUZ J F. Linear failure criteria with three principal stresses [J]. International Journal of Rock Mechanics and Mining Sciences. 2013, 60: 180-187.

[23] 俞茂宏. 强度理论新体系: 理论, 发展和应用 [M]. 西安: 西安交通大学出版社, 2011.

[24] 李远, 王卓, 乔兰, 等. 基于双温度补偿的瞬接续采型空心包体地应力测试技术研究 [J]. 岩石力学与工程学报, 2017, 36 (6): 1479-1487.

[25] 李远, 李振, 乔兰, 等. 基于脆剪分析的岩体非线性强度特性在统一强度理论中的实现 [J]. 岩土力学, 2014 (增刊): 173-180.

[26] 李远, 刘子斌, 乔兰, 等. 基于数字化 CSIRO 双温补偿方法的岩体扰动应力长期监测系统的研发与应用 [J]. 工程科学与技术, 2018, 50 (5): 18-26.

[27] 李子林, 孙歆硕, 李远, 等. 扰动应力监测系统的研发及在马鞍山矿的应用 [J]. 中国矿业, 2019, 28 (9): 74-79.

[28] 刘泉声, 罗慈友, 朱元广, 等. 流变应力恢复法压力传感器传感单元方位布设研究 [J]. 岩土力学, 2020, 41 (1): 336-341, 352.

[29] 乔兰, 蔡美峰. 应力解除法在某金矿地应力测量中的新进展 [J]. 岩石力学与工程学报, 1995, 14 (1): 25-32.

[30] 吴世兵. 深部地下工程扰动应力监测及地应力测量技术研究 [D]. 北京: 北京科技大

学，2020.

[31] 王锦山，彭华. 地震断裂带深孔岩芯滞弹性应变恢复法三维地应力测试 [J]. 防灾减灾工程学报，2018，38 (1)：185-192.

[32] 王茜. 基于PMC模型的岩石破坏模式过渡型强度准则研究 [D]. 北京：北京科技大学，2019.

[33] 闫晓坤. 基于空心包体应变计的地应力测量系统研究 [D]. 北京：北京科技大学，2013.

[34] 张芳，刘泉声. 流变应力恢复法地应力测试及装置 [J]. 岩土力学，2014，35 (5)：1506-1513.

[35] 张亦海. 考虑岩体非线弹性的深部地应力测量方法研究 [D]. 北京：北京科技大学，2020.

[36] 郑益武，乔兰，王茜，等. 基于PMC模型的破坏模式转化型强度准则 [J]. 煤炭学报，2019，44 (5)：1404-1410.

2020.

[31] 王国山，[illegible][J]. [illegible]学报，2015，38 (1)：185-193.

[32] [illegible]基于 PAM 模型的[illegible][D]. [illegible]，2019.

[33] [illegible][D]. [illegible]，2013.

[34] [illegible][J]. [illegible]，2014，35 (3)：1506-1515.

[35] [illegible][D]. [illegible]，2020.

[36] [illegible]基于 PAM [illegible][J]. [illegible]，2015，48 (7)：1404-1410.